步印童书馆 编著

北京市数学特级教师 丁益祥
北京市数学特级教师 司梁
『卢说数学』主理人 卢声怡
联袂力荐

小牛顿

数学分级读物

第一阶 1 数和数字

中国儿童的数学分级读物
培养有创造力的数学思维

讲透原理 → 系统进阶 → 思维转换

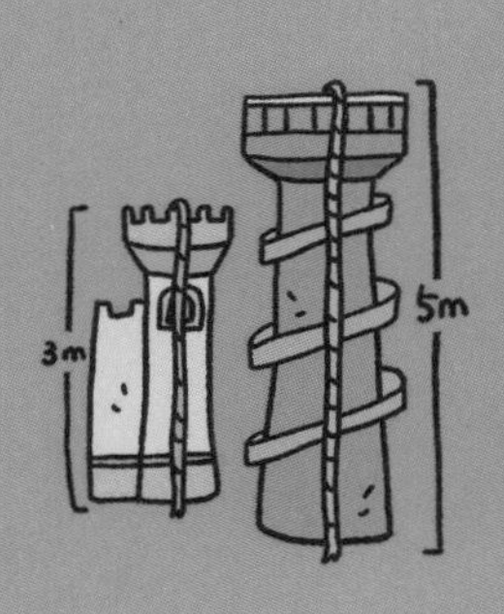

電子工業出版社
Publishing House of Electronics Industry
北京·BEIJING

图书在版编目（CIP）数据

小牛顿数学分级读物. 第一阶. 1, 数和数字 / 步印童书馆编著. -- 北京 : 电子工业出版社, 2024.6
ISBN 978-7-121-47626-6
Ⅰ. ①小… Ⅱ. ①步… Ⅲ. ①数学 - 少儿读物 Ⅳ. ①O1-49
中国国家版本馆CIP数据核字(2024)第068800号

特别鸣谢本书组稿策划人郑利强先生。

责任编辑：赵　妍　季　萌
印　　刷：当纳利（广东）印务有限公司
装　　订：当纳利（广东）印务有限公司
出版发行：电子工业出版社
　　　　　北京市海淀区万寿路173信箱　邮编：100036
开　　本：889×1194　1/16　印张：10.75　字数：218.4千字
版　　次：2024年6月第1版
印　　次：2024年6月第1次印刷
定　　价：80.00元（全4册）

凡所购买电子工业出版社图书有缺损问题，请向购买书店调换。若书店售缺，请与本社发行部联系，联系及邮购电话：（010）88254888，88258888。
质量投诉请发邮件至zlts@phei.com.cn，盗版侵权举报请发邮件至dbqq@phei.com.cn。
本书咨询联系方式：（010）88254161转1860，jimeng@phei.com.cn。

目录

数和数字

数和所有好朋友

马戏团里，许多好朋友在一起耍杂技。
这里有哪些好朋友呢？

◆ 把好朋友的名字说出来，数一数一共有几个？

①这是小海狗。

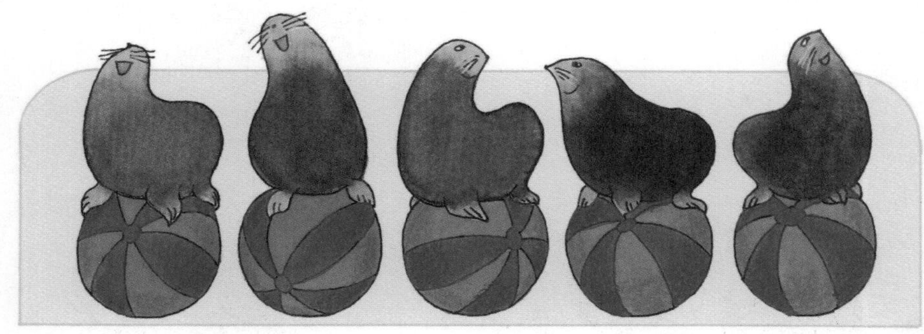

小海狗的好朋友是数字几？

②找一找，和下面手指头的个数一样多的好朋友分别是什么？

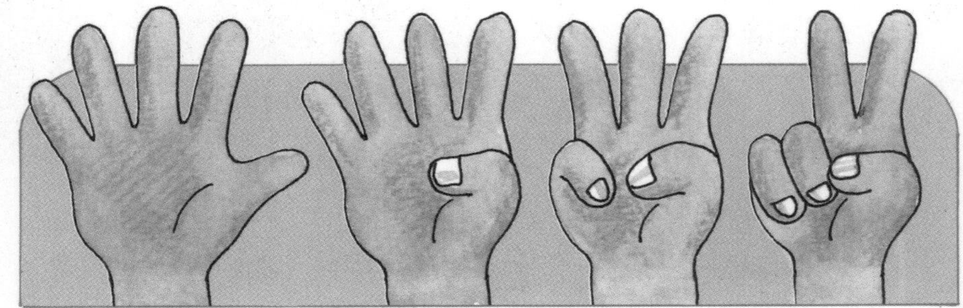

引爆数学力

请观察插图，问自己几个类似的问题，再说出答案。例如，对苹果来说，柿子不是它的“同类”；如果对水果来说，苹果和柿子又是“同类”。像这种以相同、不同的想法来分类、整理事物的方法，是非常重要的数学思维。

比多少

连一连，比一比，哪边多？

引爆数学力

把图中的瓢虫和独角仙换成小花，其实是在用小花的个数代表昆虫的个数，过程中把小花摆放对齐，而且数目正确，这是熟悉“数”的初级阶段中最重要的一点。快去熟练完成这个练习吧，培养不遗漏、不重复的学习方法！

◆ 连一连，哪一边多？

◆ 把同一种类的昆虫“变成”和它同一种颜色的小花，再比一比，哪种昆虫多？

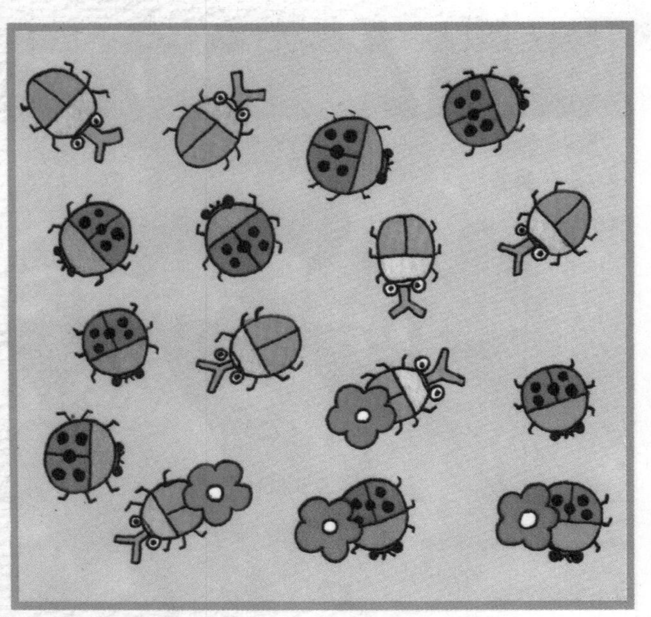

1到10的数和数字

有几个娃娃？

娃娃的个数和手指头的个数相同。

数字卡片

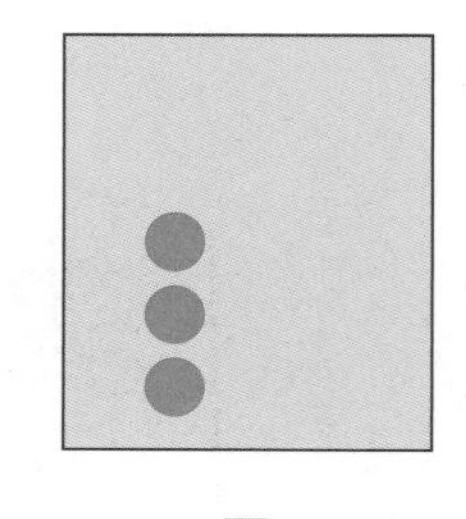

小鸟的个数也和手指头的个数相同。

数字

3

引爆数学力

请利用具体的物体，如图中的人或物、手指、圆点等，加深理解“数”的概念，把物体的数量和“数字”联系起来吧！

①娃娃多了几个同类？算一算，一共有几个娃娃？

数字卡片

6

②比比看，哪一边多？

※ 虽然车子的大小变化了，但是车子的个数没有变化。

数字卡片

大车子、小车子的个数相同。

4

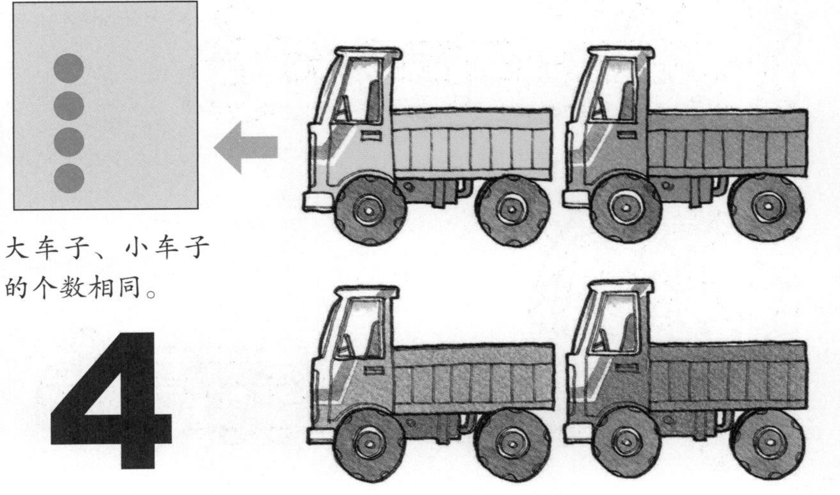

◆“同类”增加了，“数”就相应变化了。下图中，用“数”表示有多少节火车，表示“数”的符号就是“数字”喽！快把“数”和“数字”记下来吧！

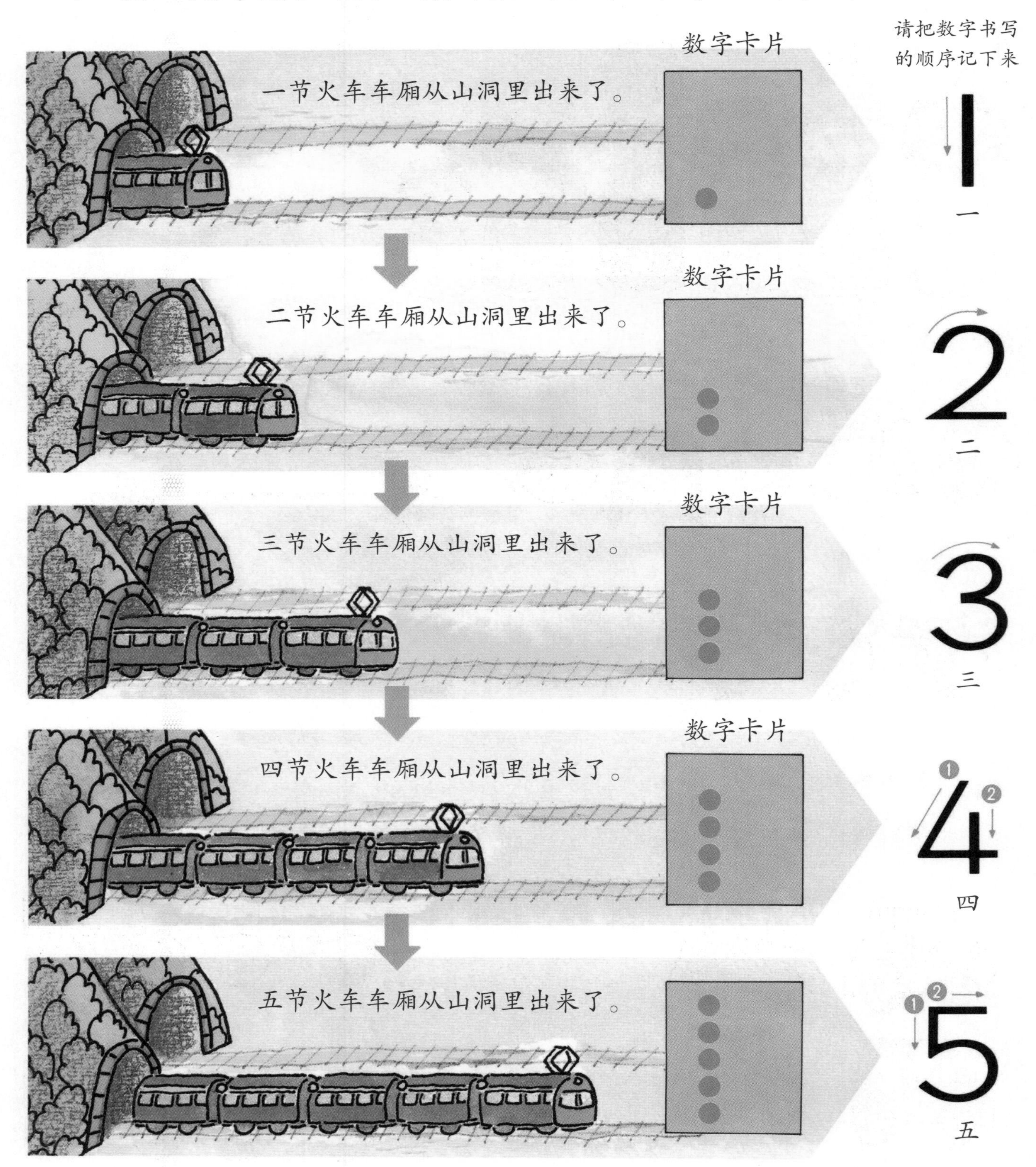

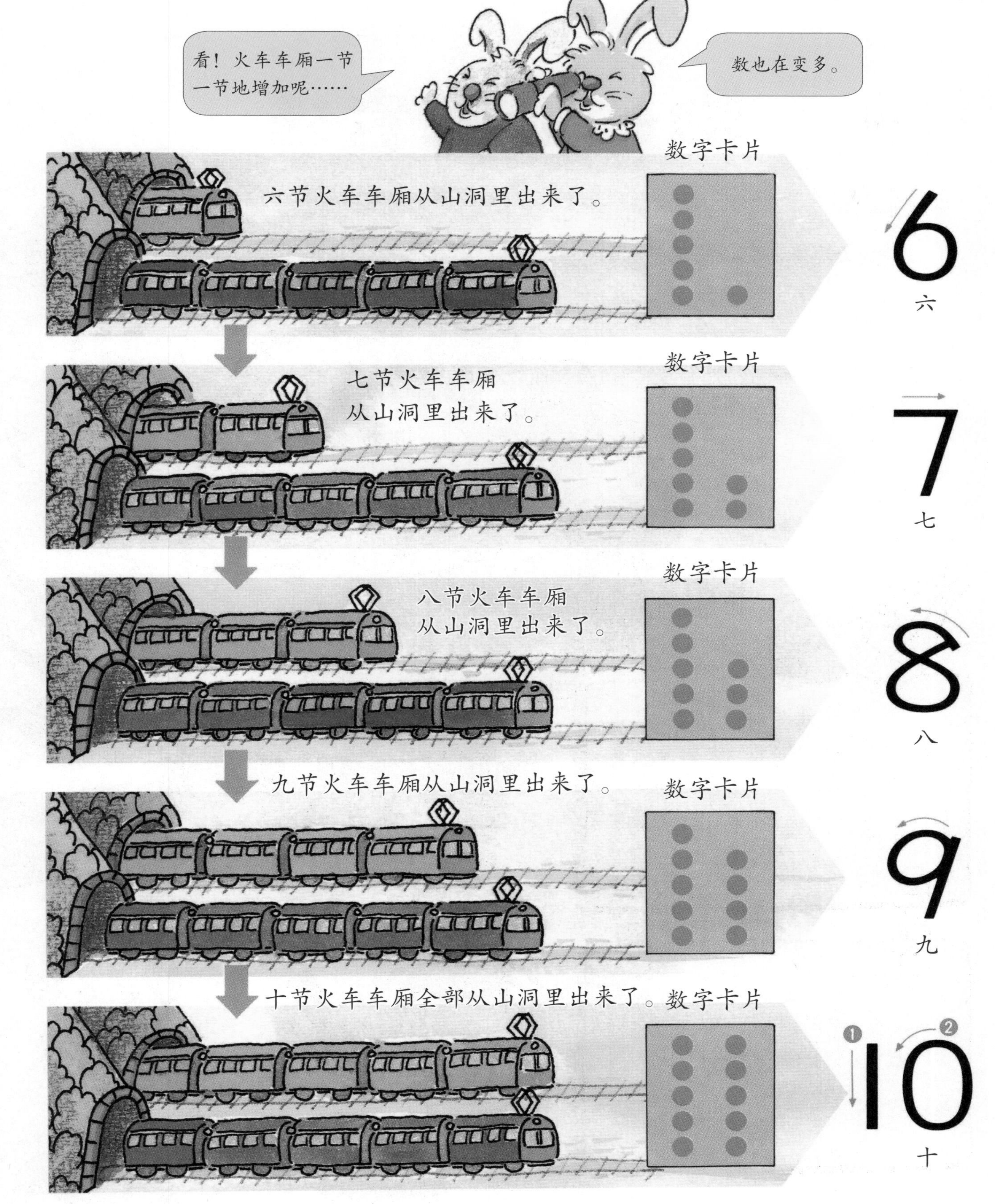
看！火车车厢一节一节地增加呢……
数也在变多。
数字卡片
六节火车车厢从山洞里出来了。
6
六
数字卡片
七节火车车厢从山洞里出来了。
7
七
数字卡片
八节火车车厢从山洞里出来了。
8
八
九节火车车厢从山洞里出来了。
数字卡片
9
九
十节火车车厢全部从山洞里出来了。
数字卡片
10
十

数的计算方法

池塘里有好多好多的生物。数一数，哪一种生物最多？

◆ 数不清楚的时候，用什么方法来数比较容易呢？

引爆数学力

计算有很多小窍门。把数出来的“数”写出来，再比较大小，有助于对“数”的理解；按照将数的大小从左到右排成直线，大小就更加一目了然啦！

①数一数，连一连。

将小鱼两条、两条地数，如 2，4，6，8，10……快来数一数吧！

②比一比，什么生物的个数大？你可以把小鱼、螃蟹和其他生物都排在从 1 到 10 的线上，就可以很清楚地知道哪一个数比较大了。

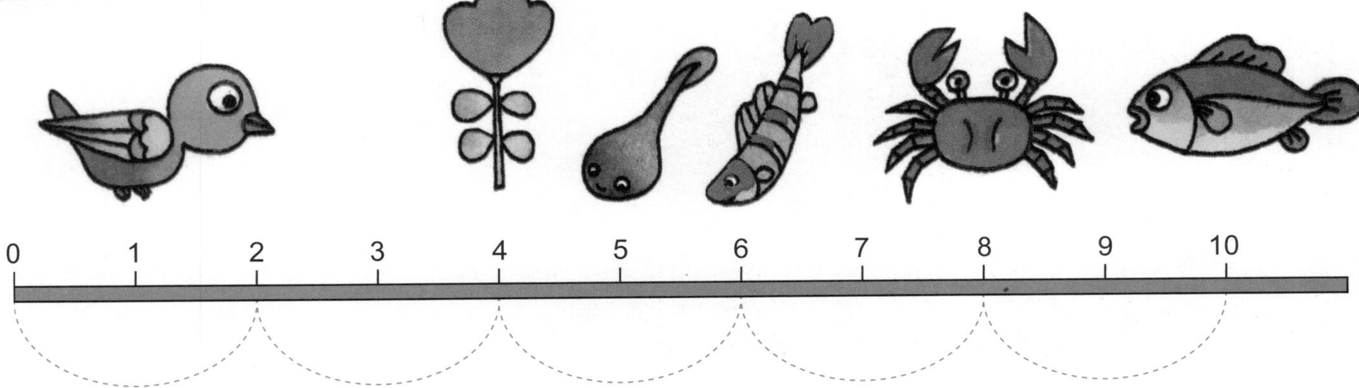

数的顺序，第几个？

在游乐场的划船区，小动物们遵守秩序，它们两只、两只地在一起，排列成队，等着划船。

①想一想，是小老虎还是小狸先坐上船呢？

※ 知道谁排在第几个，就知道谁会先坐上船啦！

小老虎排在第 5 个，这一队只数到第 5，所以这一队有 5 只小动物。

1	2	3	4	5	6	7	

小狸排在第 6 个，这一队数到了第 6，所以这一队有 6 只小动物。

②说一说，从队伍的后面开始数，你最喜欢的小动物排在第几个？从队伍的前面开始数，你最喜欢的小动物排在第几个？好好数哦，别弄错了！

引爆数学力

数也可以表示前后顺序。顺序的数法也有小窍门。从前面、后面、上面、下面都能开始数。这个练习可以帮助我们明白什么是前后顺序，以及为什么顺序会有不同的原因。

◆ 从左边开始数到第 4，就是第 4 位演员，第 4 个小鸟的家。

哪个数大？数的顺序

◉ 扑克牌游戏

1. 两个好朋友一起玩扑克牌吧！先把自己的牌洗好，然后把扑克牌正面朝下，排成一排。从第一张开始，一张一张地翻开，比一比谁扑克牌上的数大。扑克牌上数较大的一方，就把对方的牌拿过来。如果扑克牌上的数一样，双方平手，牌放旁边。最后，谁拿到的扑克牌的张数多，谁就赢了。

● 每人拿 10 张从 1 到 10 的牌。

◆ 比一比，各组中哪一个数大？所有数中，哪一个数最大？

① 9 7

② 5 8

③ 6 10

④ 2 7 5

⑤ 4 7 10

答案：① 9；② 8；③ 10；④ 7；⑤ 10。所有数中，10 最大。

2. 你喜欢玩数字接龙游戏吗？把一副扑克牌分给所有玩的人，每个人得到相同的张数。首先，从拿到方片7的人开始出牌，与7相邻的数有6和8。有这个花色的6或8的人就可以接着摆牌。如果没有6或8，但是有其他花色的7，也可以在7的上方或下方摆新的7。没有牌可以接的人就不用出牌，休息一轮，后面的人继续出牌。最先把手中扑克牌出完的人就是赢家。如果一个人有与7相邻数字的牌，赢的机会就比较大。

● **这个游戏不限定人数。也可以试一试先出5或6，那就和好朋友玩起来吧！**

◆ 按顺序填一填。

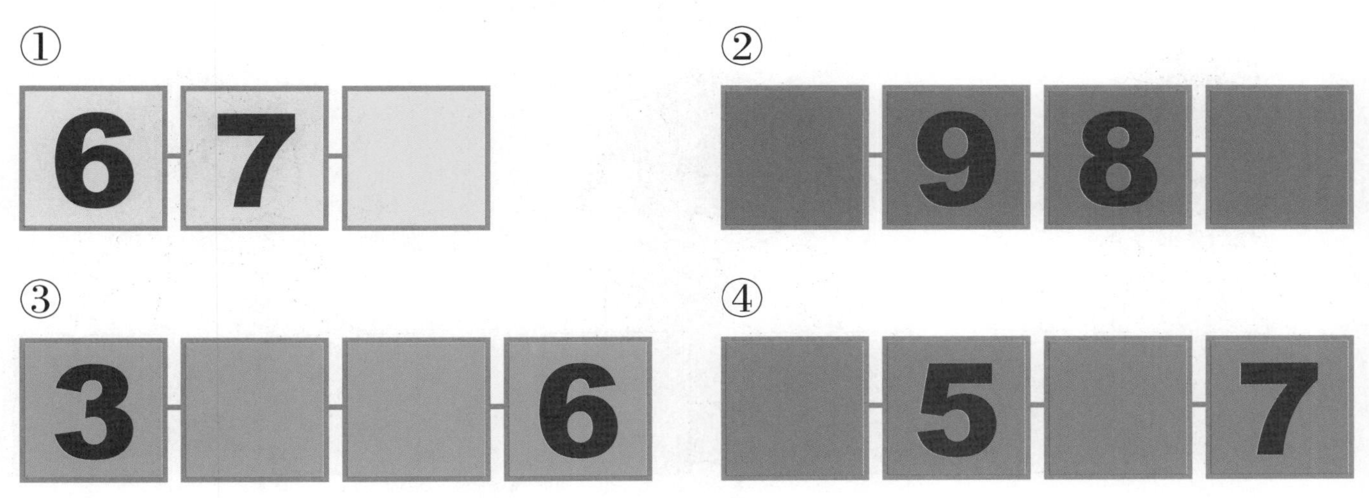

答案：① 8；② 10、7；③ 4、5；④ 4、6。

数字游戏

扑克牌游戏

1. 把 1 到 9 的扑克牌数字面向下一张一张地铺在地上。两个人一起玩，每个人各翻开一张扑克牌，谁先说对两张牌上的数字合起来的数字，谁就赢得这两张牌。最后，谁手里的牌数量多谁就得胜。如果两张牌上的数字合起来的数字超过 10，不会计算的时候，把两张牌重新原样放回。

● 挑出 1 到 9 的扑克牌，快来玩这个游戏吧！

◆ 算一算，两个数合起来是多少？

答案：7、9、9。

2. 又有新游戏喽！两个人各翻开一张牌，猜一猜数字小牌上的数和多少合起来是数字大牌上的数。谁先说出答案谁就赢得这两张牌，最后，手里的牌数量多的人就是赢家。

◆ 4和多少合起来是7？这里有三种解答方式，想一想。

7

① 从小数开始接着数：从4开始，数：5、6、7，第三个数是7，所以4和3合起来是7。

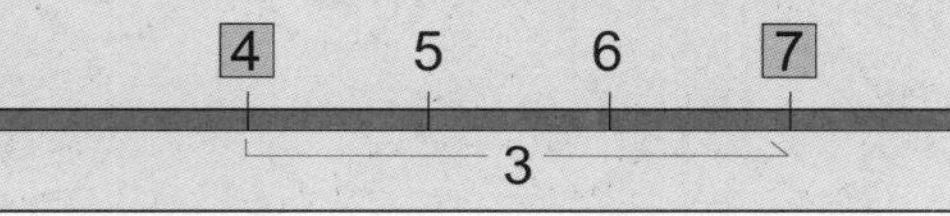

③ 跟中间数比一比：4只比5少1，7比5多2，所以答案是3。

1 2

4 5 6 7

1和2合起来是3。

② 从大数开始往回数：从7开始往回数，数到第三个数就是4，所以答案是3。

4 5 6 7

3

◆ 分一分，填一填。

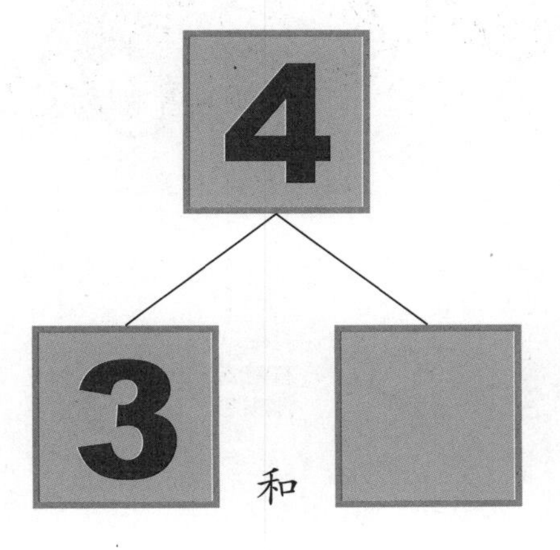

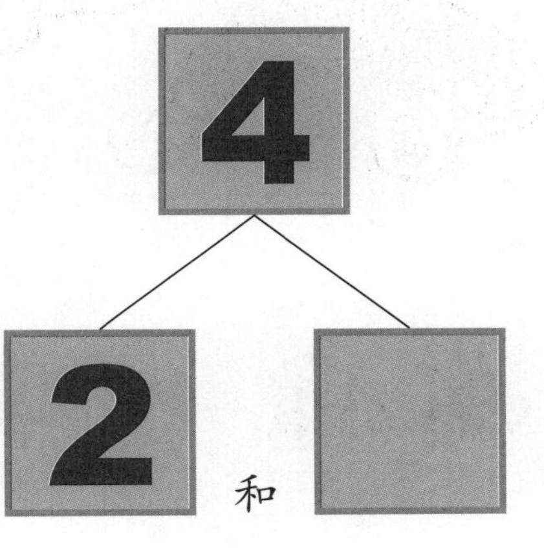

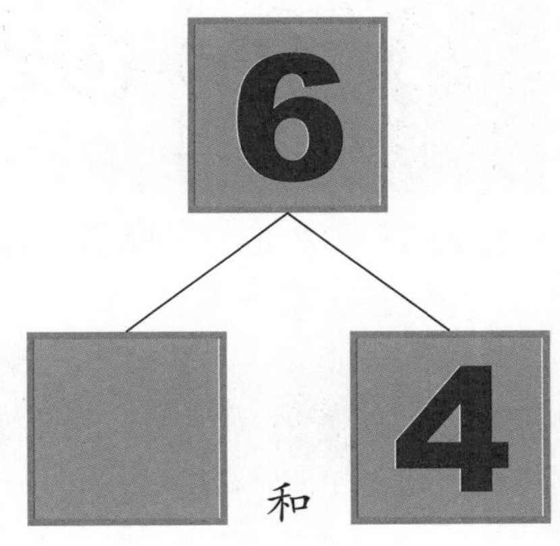

答案：1、2、2。

数的顺序（1）

1. 加法 第几个？

①汽车大赛时，从前面开始数，兔子跑在第 4 名。

②老鼠跑在兔子后面的第 2 名。从前面开始数，老鼠跑在第几名呢？

- **老鼠在第 4 名兔子后面的第 2 名。老鼠跑在第 6 名。**

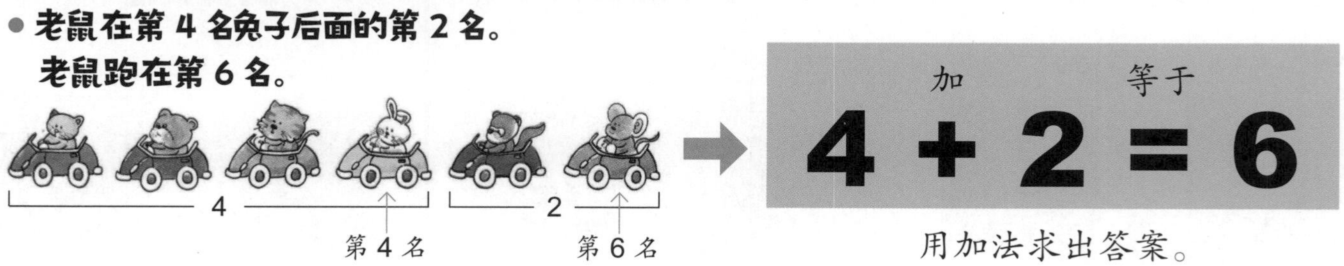

$$4 + 2 = 6$$

用加法求出答案。

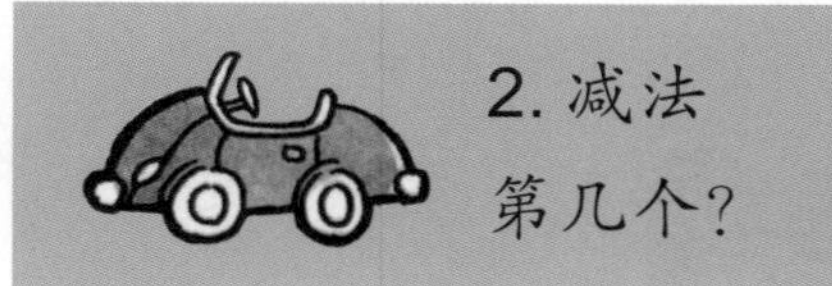

2. 减法 第几个？

引爆数学力

数的顺序可用加法或减法求出。学习下面的方法，你就能用第 2 大的数和第 2 小的数，分别求出大的数和小的数。

①汽车大赛进行到第 4 圈。从前面开始数，老鼠跑在第 7 名。

②从老鼠往前数，第 4 个是小猫。那么从前面开始数，小猫跑在第几名呢？

- **小猫在第 7 名老鼠前面的第 4 个。小猫跑在第 3 名。**

减　　　等于

$$7 - 4 = 3$$

用减法求出答案。

数的顺序（2）

1. 加法
第几个?

① 汽车大赛开始了。
从前面开始数，2 号车排在第 3 名。

②但是，有 2 辆车赶上来，跑到 2 号车的前面了。
2 号车变成第几名了呢?

● 2 号车前面有 2 辆车加进来了。

从前面开始数，2 号车变成了第 5 名。

● 用加法求出答案。

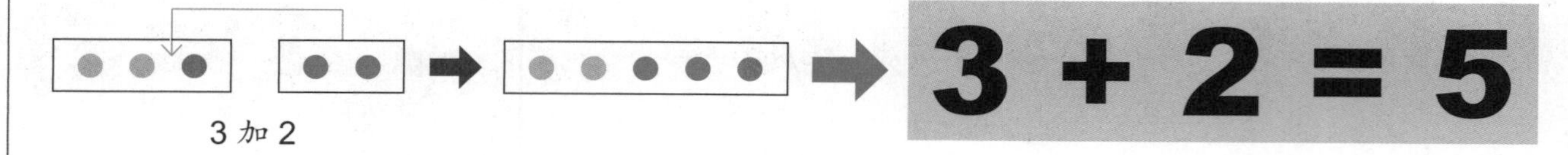

3 + 2 = 5

2. 减法 第几个？

引爆数学力

数增加时用加法，数减少时用减法；同样，表示顺序的数增加或减少，也可以分别用加法或减法来计算。

① 从前面开始数，老虎排在第 4 个。

② 老虎前面的 2 个小动物搭上了空中吊篮。现在，老虎排在第几个呢？

- **第 1 个和第 2 个都去掉了。**

从前面开始数，老虎排在第 2 个。

- **用减法求出答案。**

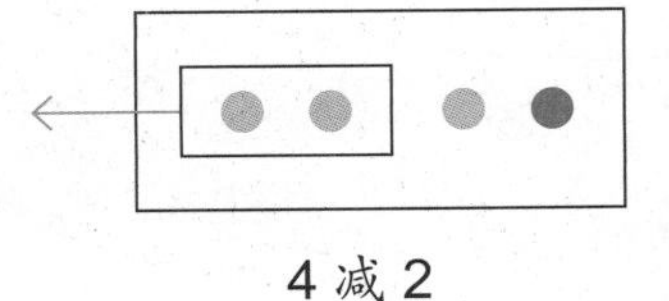

4 减 2

$$4-2=2$$

巩固与拓展

试一试，来答题。

1. 看看图，答一答。

（1）参照例句，看图说出（ ）中的字。

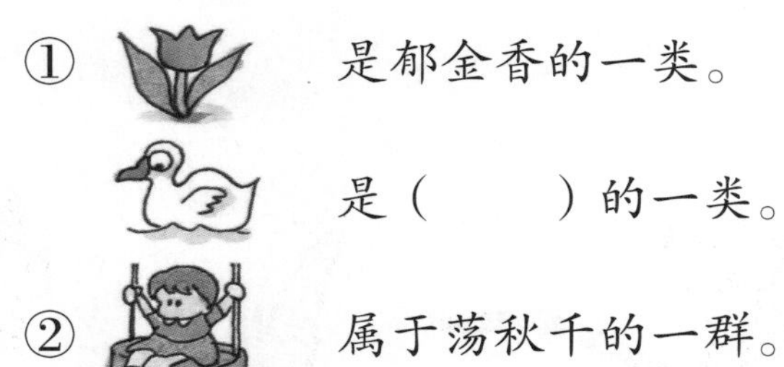

① 是郁金香的一类。

是（　　）的一类。

② 属于荡秋千的一群。

属于（　　）的一群。

（2）哪张数字卡片上的圆点和图中鸭子的数量一样？每只鸭子画一个圆点，再数一数。

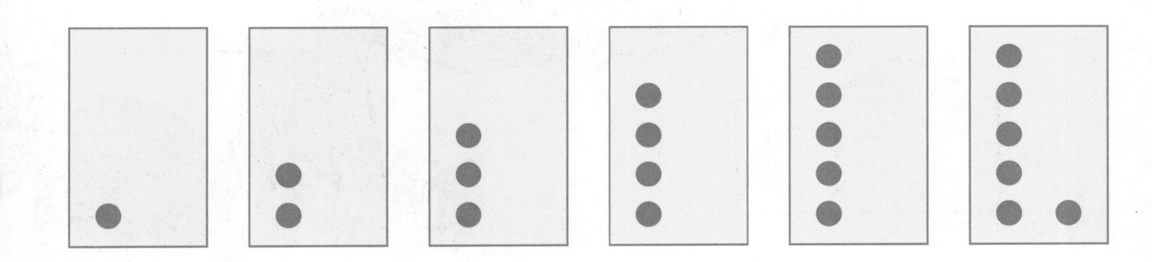

按照上面的方法，回答下面的问题：

①有几个小朋友在荡秋千？

②天空中有几个气球？

③有几个小朋友在开汽车？

④有几个小朋友在滑滑梯？

⑤池塘旁边有几朵郁金香？

答案：1.（1）①天鹅；②开汽车。（2）有 6 个圆点的数字卡片。
①有 3 个圆点的数字卡片；②有 5 个圆点的数字卡片；③有 4 个圆点的数字卡片；④有 1 个圆点的数字卡片；⑤有 2 个圆点的数字卡片。

2. 逛一逛动物园。看图答一答。

在同一类动物的身上各放一颗小纽扣，数一数，并在方框内写出数字。

3. 数一数，数字卡片上有几个圆点？并画一条线与对应的数字连起来。

答案：2. 狮子 3；猴子 9；狐狸 6；大熊猫 2；小鸟 10；马 5；狸 8；大象 1；北极熊 4；企鹅 7；
3. 企鹅 7；猴子 9；马 5；狸 8。

4. 比一比，哪一边的数量多？多的画“✓”。

答案：4. ①右边的苹果树；②绿色的青蛙；③上面的一列天鹅。

5. 小动物们去远足。看图答一答。

①猴子排在第几个？（从前面开始往后数）

第 □ 个

②从前面往后数，第 9 个是什么动物？

□

③和老虎一样戴着帽子的动物是第几个？（从前面开始往后数）

第 □ 个

答案：5. ①第 2 个；②鼠；③第 6 个。

6. 昆虫界的跳跃高手——蚱蜢正在比赛跳远。

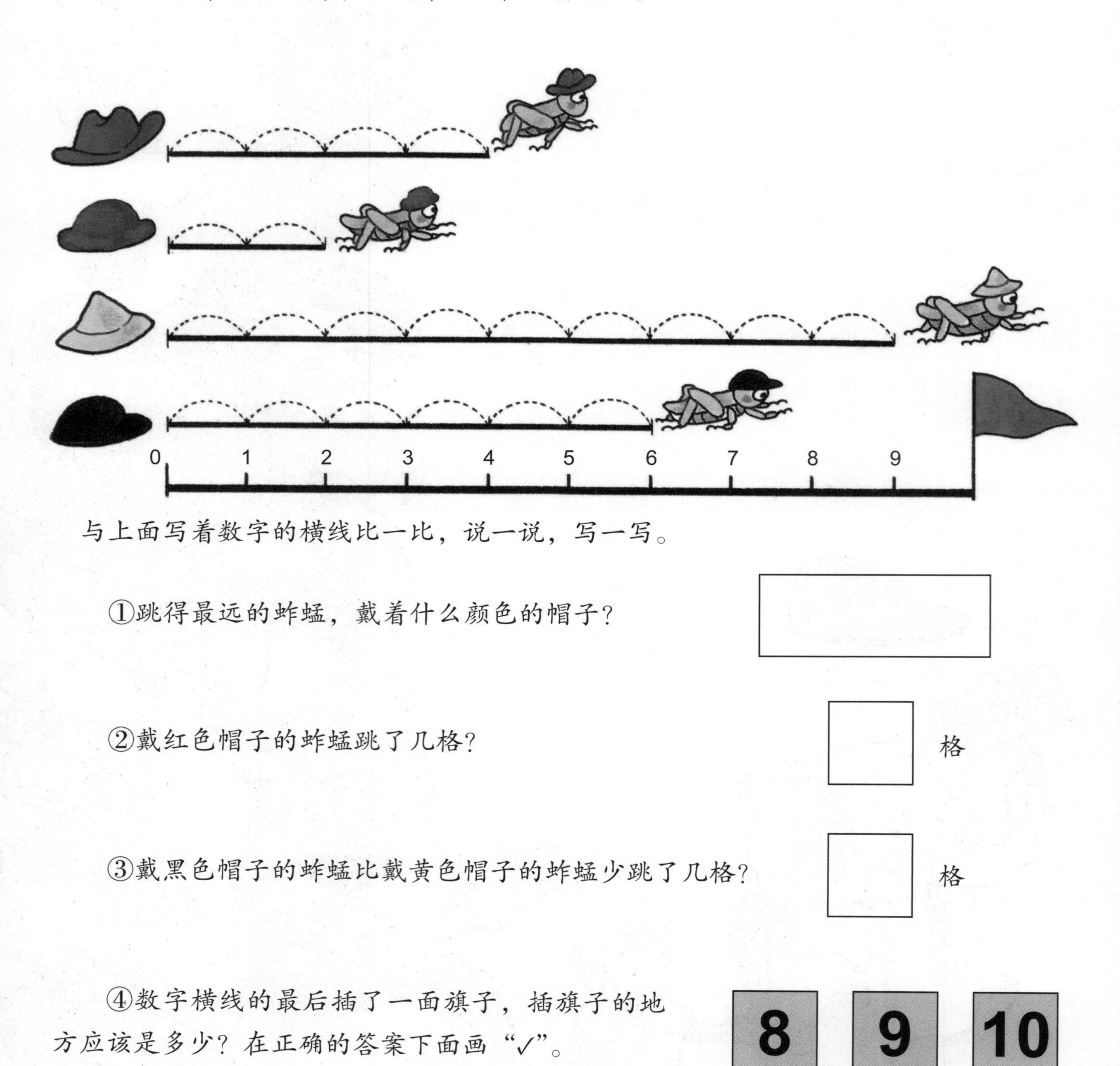

与上面写着数字的横线比一比，说一说，写一写。

①跳得最远的蚱蜢，戴着什么颜色的帽子？

②戴红色帽子的蚱蜢跳了几格？ 格

③戴黑色帽子的蚱蜢比戴黄色帽子的蚱蜢少跳了几格？ 格

④数字横线的最后插了一面旗子，插旗子的地方应该是多少？在正确的答案下面画“✓”。

8 ( ) 9 ( ) 10 ( )

答案：6. ①黄色；②4 格；③3 格；④10。

7. 同学们在玩投球比赛，看，他们多开心啊！

每人投 5 个球，看一看下图，他们各投进多少个球？没投进多少个球？统统写出来。

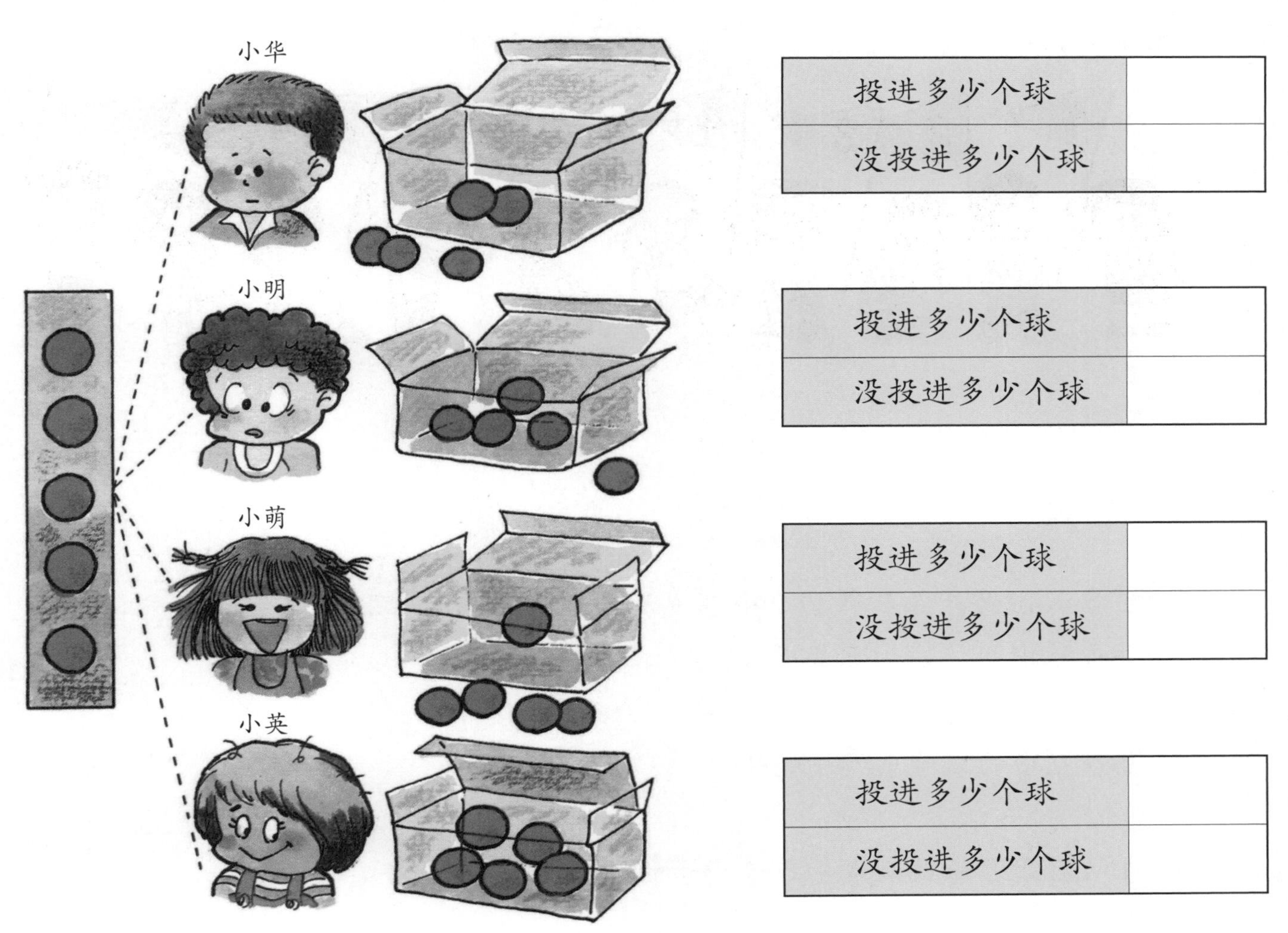

小华

投进多少个球	
没投进多少个球	

小明

投进多少个球	
没投进多少个球	

小萌

投进多少个球	
没投进多少个球	

小英

投进多少个球	
没投进多少个球	

答案：7. 小华 2，3；小明 4，1；小萌 1，4；小英 5，0。

加强练习

1. 一个娃娃配一个奶瓶，请问，奶瓶够不够用？

2. 看看图，答一答。

①手上拿着旗子的小朋友一共有多少人？ □人

②在从前面开始数第 2 个小朋友和从后面开始数第 3 个小朋友的中间，一共有多少人？ □人

③在空白的旗子上填写数字。

④从后面开始数，拿着 6 号旗子的小朋友是第几个？ 第□个

3. 10 只小狗在玩捉迷藏。数一数，有几只小狗躲起来了？

解答和说明

1. 不够用。画线将娃娃和奶瓶连接起来，就知道奶瓶少了 1 个。

2. ① 10 人；② 5 人；
③ 5，9，10；
④第 5 个。

3. 数的时候要注意，共有 10 只小狗。可以用扑克牌摆一摆。

10=0+10，
或 1+9=10 或 2+8=10
或 3+7=10 或 4+6=10
或 5+5=10 或 6+4=10
或 7+3=10 或 8+2=10
或 9+1=10 或 10+0=10。
所以，
①是 7 只，3+7=10。
②是 6 只，4+6=10。
③是 4 只，6+4=10。

步印童书馆

步印童书馆 编著

北京市数学特级教师 丁益祥
北京市数学特级教师 司梁
『卢说数学』主理人 卢声怡
联袂力荐

小牛顿数学分级读物

第一阶 2 加减法基础

中国儿童的数学分级读物
培养有创造力的数学思维
讲透原理 → 系统进阶 → 思维转换

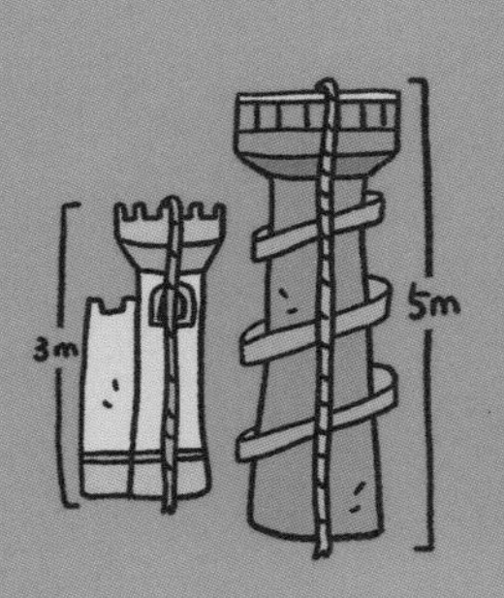

電子工業出版社
Publishing House of Electronics Industry
北京·BEIJING

图书在版编目（CIP）数据

小牛顿数学分级读物. 第一阶. 2, 加减法基础 / 步印童书馆编著. -- 北京 : 电子工业出版社, 2024.6

ISBN 978-7-121-47626-6

Ⅰ. ①小… Ⅱ. ①步… Ⅲ. ①数学－少儿读物 Ⅳ. ①O1-49

中国国家版本馆CIP数据核字(2024)第068803号

特别鸣谢本书组稿策划人郑利强先生。

责任编辑：赵　妍　季　萌
印　　刷：当纳利（广东）印务有限公司
装　　订：当纳利（广东）印务有限公司
出版发行：电子工业出版社
　　　　　北京市海淀区万寿路173信箱　邮编：100036
开　　本：889×1194　1/16　印张：10.75　字数：218.4千字
版　　次：2024年6月第1版
印　　次：2024年6月第1次印刷
定　　价：80.00元（全4册）

凡所购买电子工业出版社图书有缺损问题，请向购买书店调换。若书店售缺，请与本社发行部联系，联系及邮购电话：（010）88254888，88258888。

质量投诉请发邮件至zlts@phei.com.cn，盗版侵权举报请发邮件至dbqq@phei.com.cn。

本书咨询联系方式：（010）88254161转1860，jimeng@phei.com.cn。

目录

加法和减
法的基础

合起来是多少？

加法 1.
合起来是多少？

大盘子里有 3 块蛋糕，小盘子里有 1 块蛋糕。

◆ 合起来是多少块蛋糕？

合起来

把大盘子里的蛋糕和小盘子里的蛋糕放在一起。

● **用数字表示**

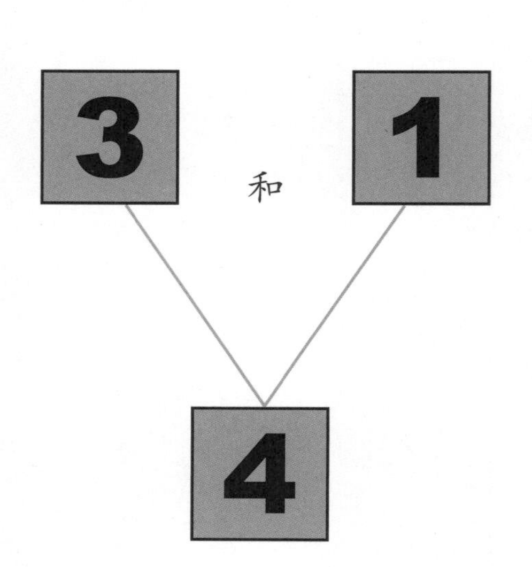

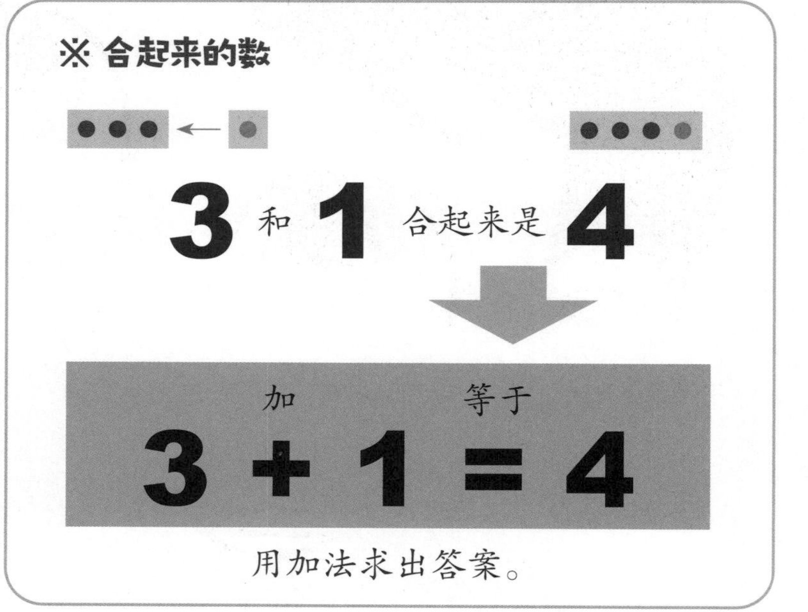

加法 2.
全部是多少？

停车场上已经停了 5 辆汽车，又开进来 3 辆汽车。

◆ 停车场上全部的汽车是几辆？

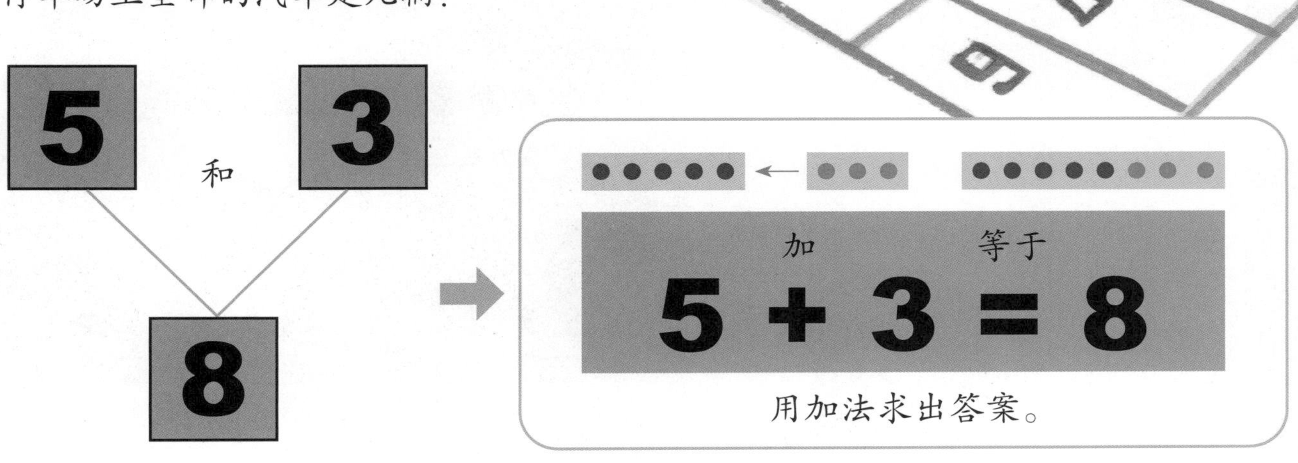

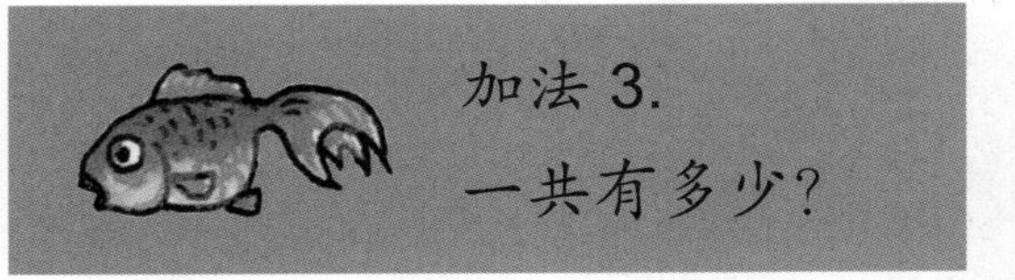

加法 3.
一共有多少？

池塘里有 4 条金鱼，小宁又放进去 2 条金鱼。

◆ 池塘里一共有多少条金鱼？

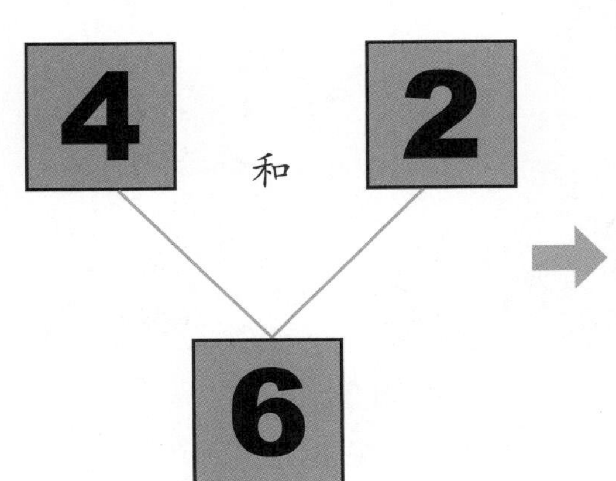

剩下或相差多少？

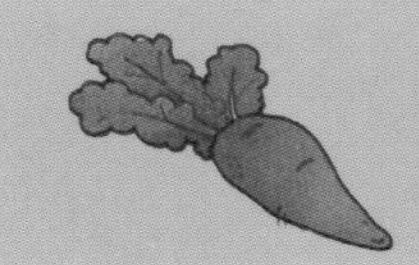

减法 1.
剩下多少？

田里种了 4 个萝卜，拔起来 2 个萝卜。

◆ 还剩下几个萝卜？

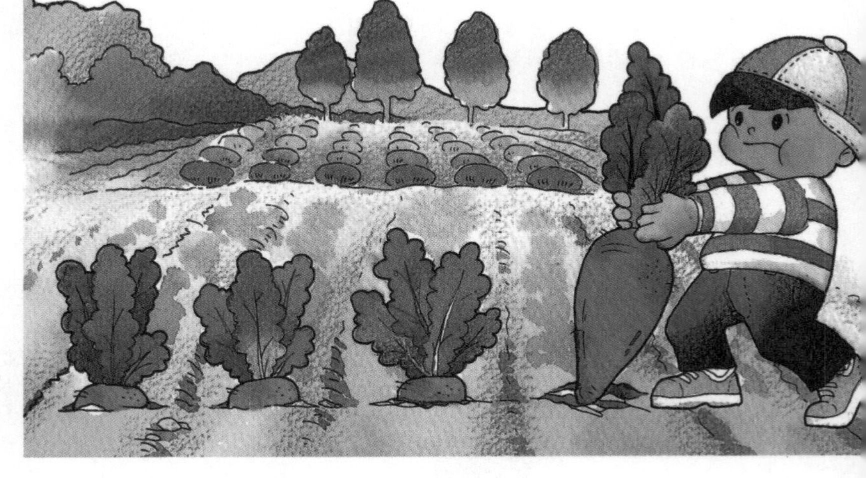

拔起来 2 个萝卜还剩下几个萝卜？

● 用数字表示

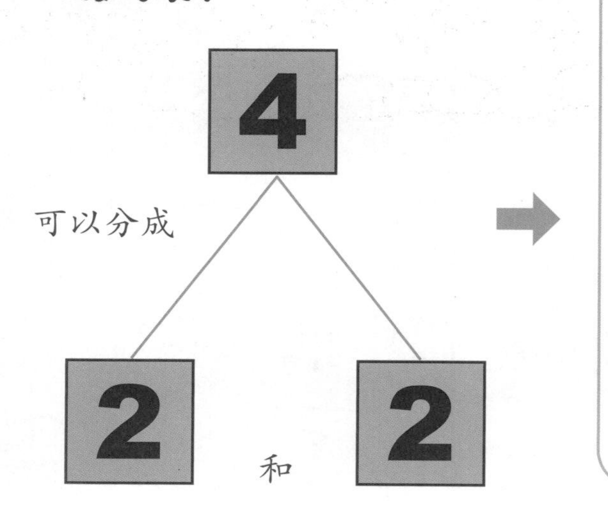

※ 剩下的数

4 拿走 2 ，剩下 2

减　　等于

$$4 - 2 = 2$$

用减法求出答案。

减法 2.
相差多少?

引爆数学力

解决这类问题有两个重点：一是判断用加法还是用减法来解答；二是如何求出答案（计算）。求出答案（计算）当然重要，但是，更为重要的是判断解题时到底应该用加法还是用减法。

小熊阿吉和大熊阿宝在一起钓鱼。

◆ 两个人钓的鱼相差多少?

※ 把鱼排一排就知道答案了。

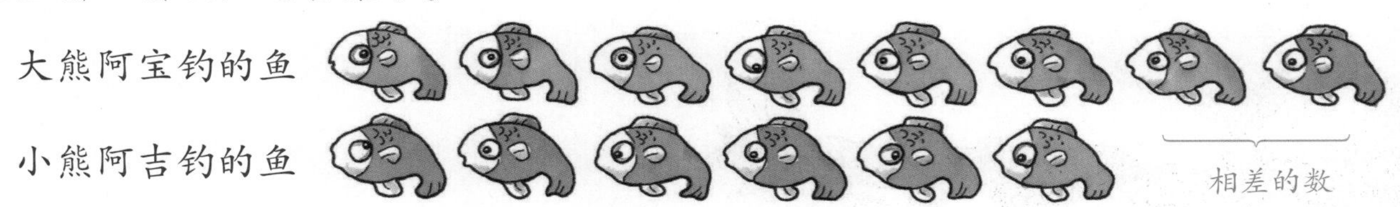

※ 剩下的数

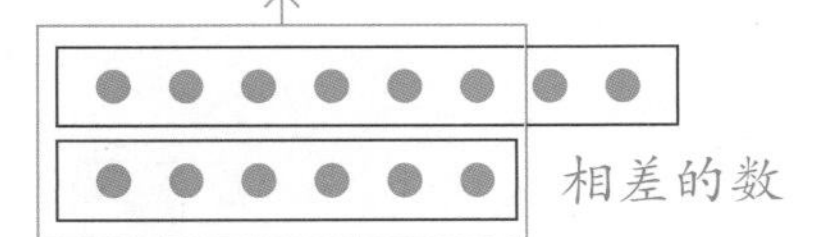

如图所示，从大数中拿走小数，就可以知道它们相差多少了。

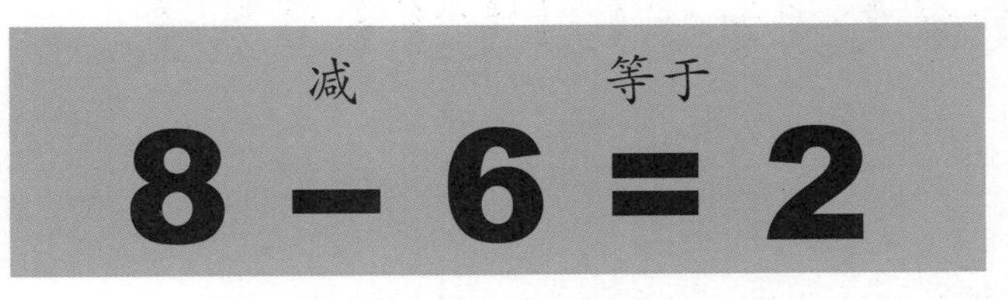

用减法求出答案。

● 用数字表示

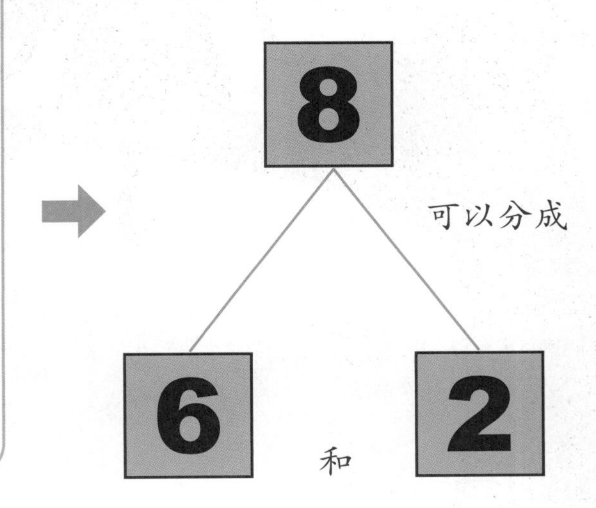

数线计算法

使用数线计算的加法

①蓝色火车有3节车厢，红色火车有4节车厢，把它们连接起来一共有几节火车车厢？

用数线计算

3 + 4

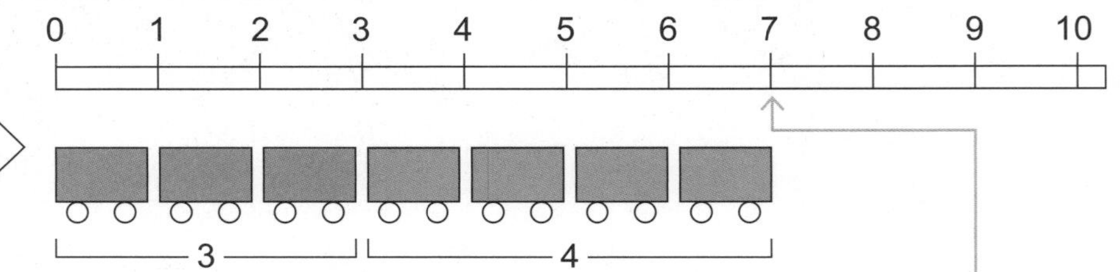

3和4合起来是 7

② 树上有5只小猴子，如果再来2只猴子，一共有几只猴子？

5和2一共是 7

5 + 2

0 1 2 3 4 5 6 7 8 9

5 2

答案为7

使用数线计算的减法

①一列有 8 节车厢的火车开进站了。这个站台只能停 6 节车厢。有几节车厢会超出站台？

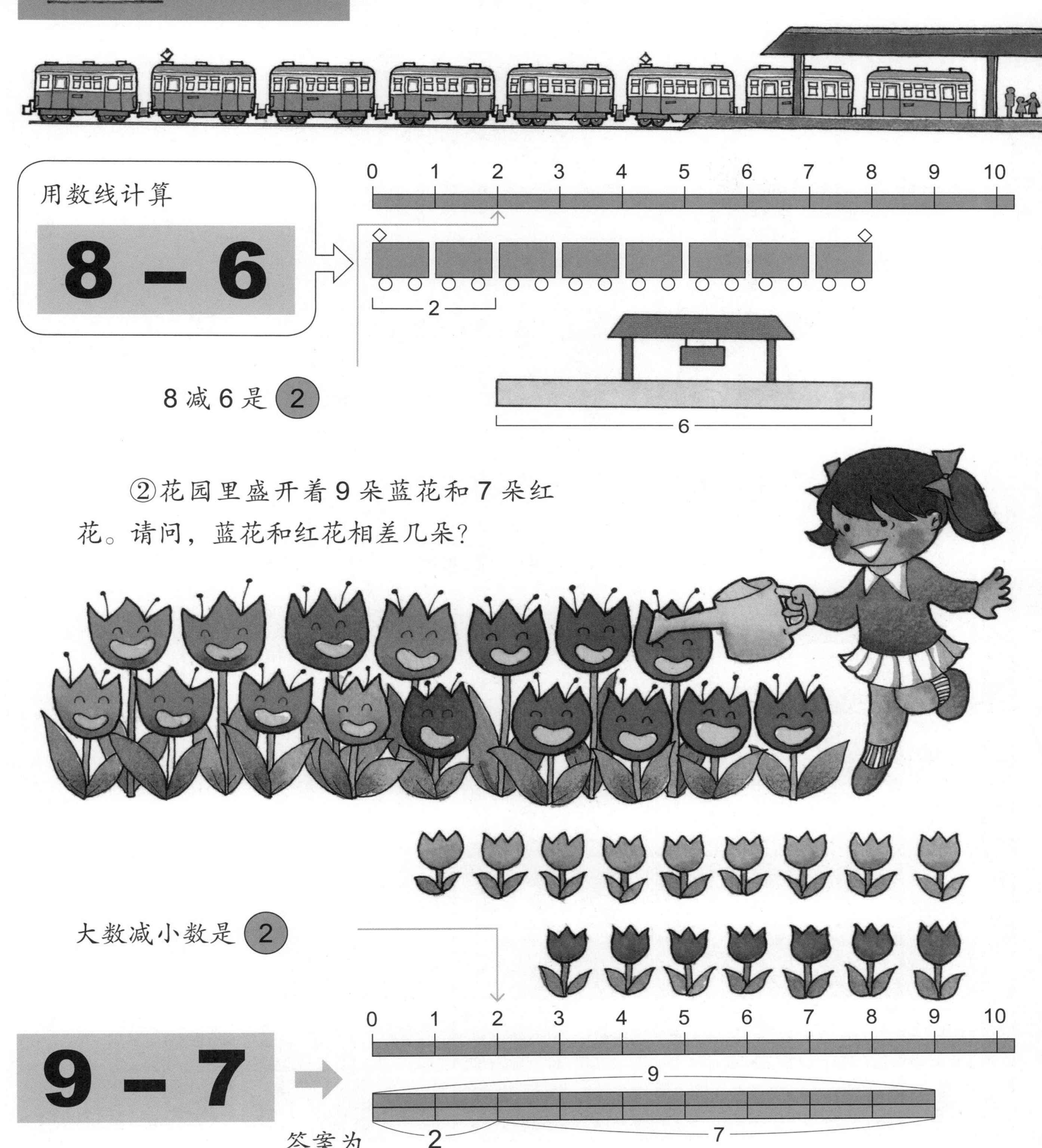

②花园里盛开着 9 朵蓝花和 7 朵红花。请问，蓝花和红花相差几朵？

加法心算卡

> **引爆数学力**
>
> 通过完成下面的题目，明白两个加数的变化影响和的变化的道理。这一般可以称为“函数思想”。

加法练习

1+1								
1+2	2+1							
1+3	2+2	3+1						
1+4	2+3	3+2	4+1					
1+5	2+4	3+3	4+2	5+1				
1+6	2+5	3+4	4+3	5+2	6+1			
1+7	2+6	3+5	4+4	5+3	6+2	7+1		
1+8	2+7	3+6	4+5	5+4	6+3	7+2	8+1	
1+9	2+8	3+7	4+6	5+5	6+4	7+3	8+2	9+1

① 竖排的和有什么变化呢？

一个加数不变，另一个加数1个数、1个数地增加，那么，竖排的和也1个数、1个数地增加。

② 横排的和有什么不同呢？

一个加数1个数、1个数地增加，另一个加数1个数、1个数地减少，那么，横排的和每一个都相同。

③ 斜排的和有什么变化呢？

一个加数不变，另一个加数依次增加1个数，那么，斜排的和也依次增加1。

减法心算卡

引爆数学力

可以用手指头演练一下下面的减法过程，会更加明白减数、被减数的变化影响差的变化的道理。

减法练习

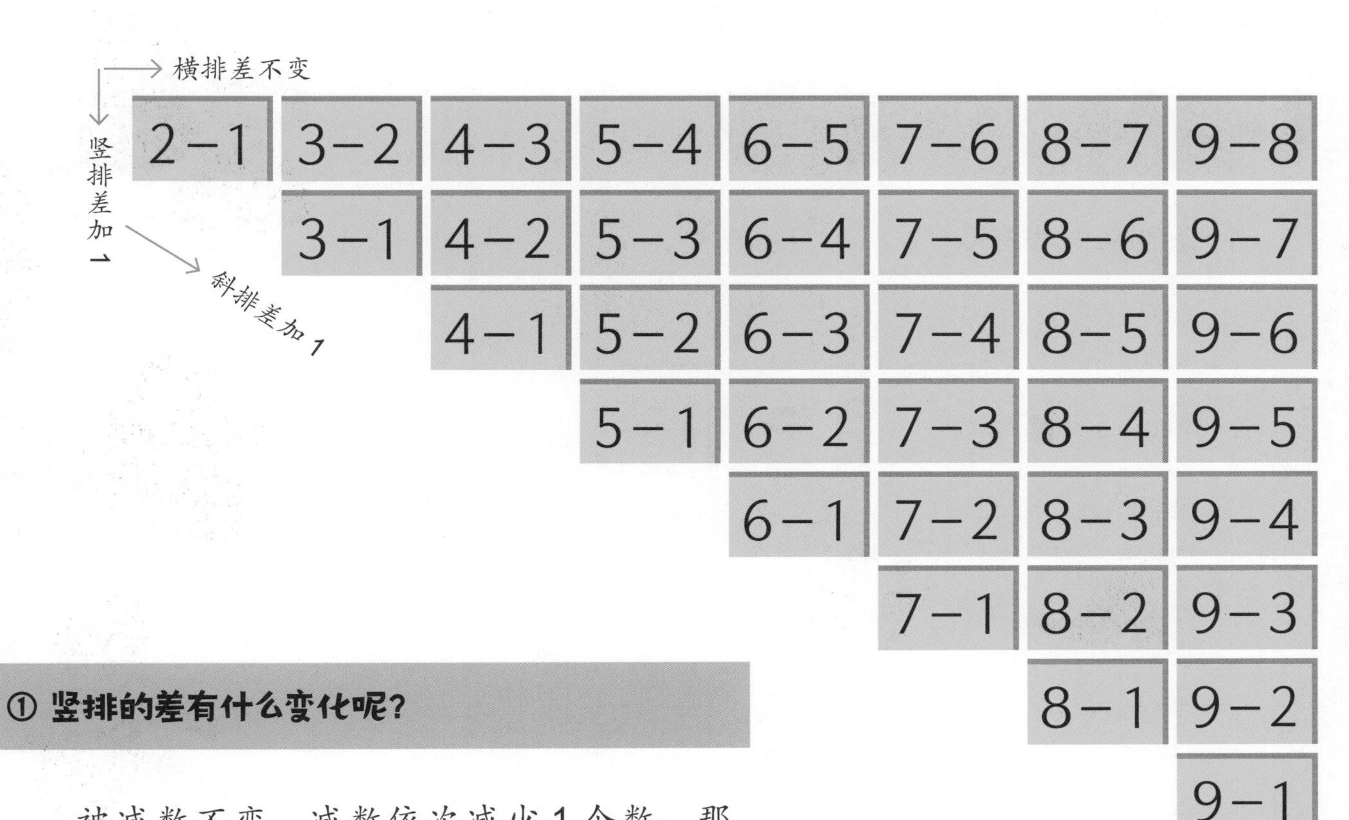

① 竖排的差有什么变化呢?

被减数不变，减数依次减少 1 个数，那么，竖排的差就依次增加 1 个数。

② 横排的差有什么不同呢?

被减数依次增加 1 个数，减数也依次增加 1 个数，那么，同一横排的每个差都一样。

③ 斜排的差有什么变化?

减数不变，被减数依次增加 1 个数，那么，斜排的差也依次增加 1 个数。

巩固与拓展

试一试，来做题。

1. 合起来一共有多少？

①红色郁金香和黄色郁金香合起来一共有几朵？

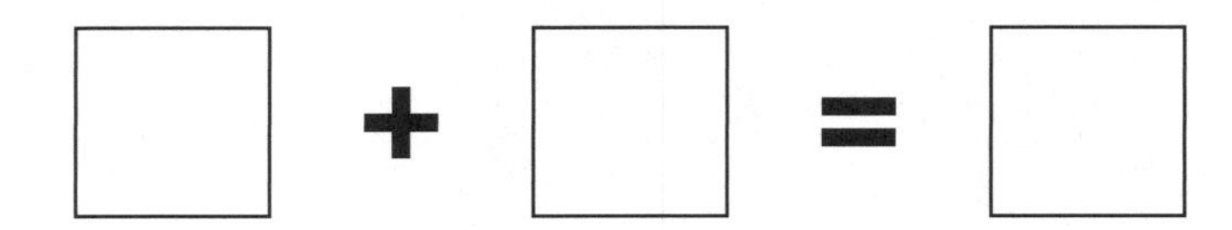

②  和  合起来一共有几个人？

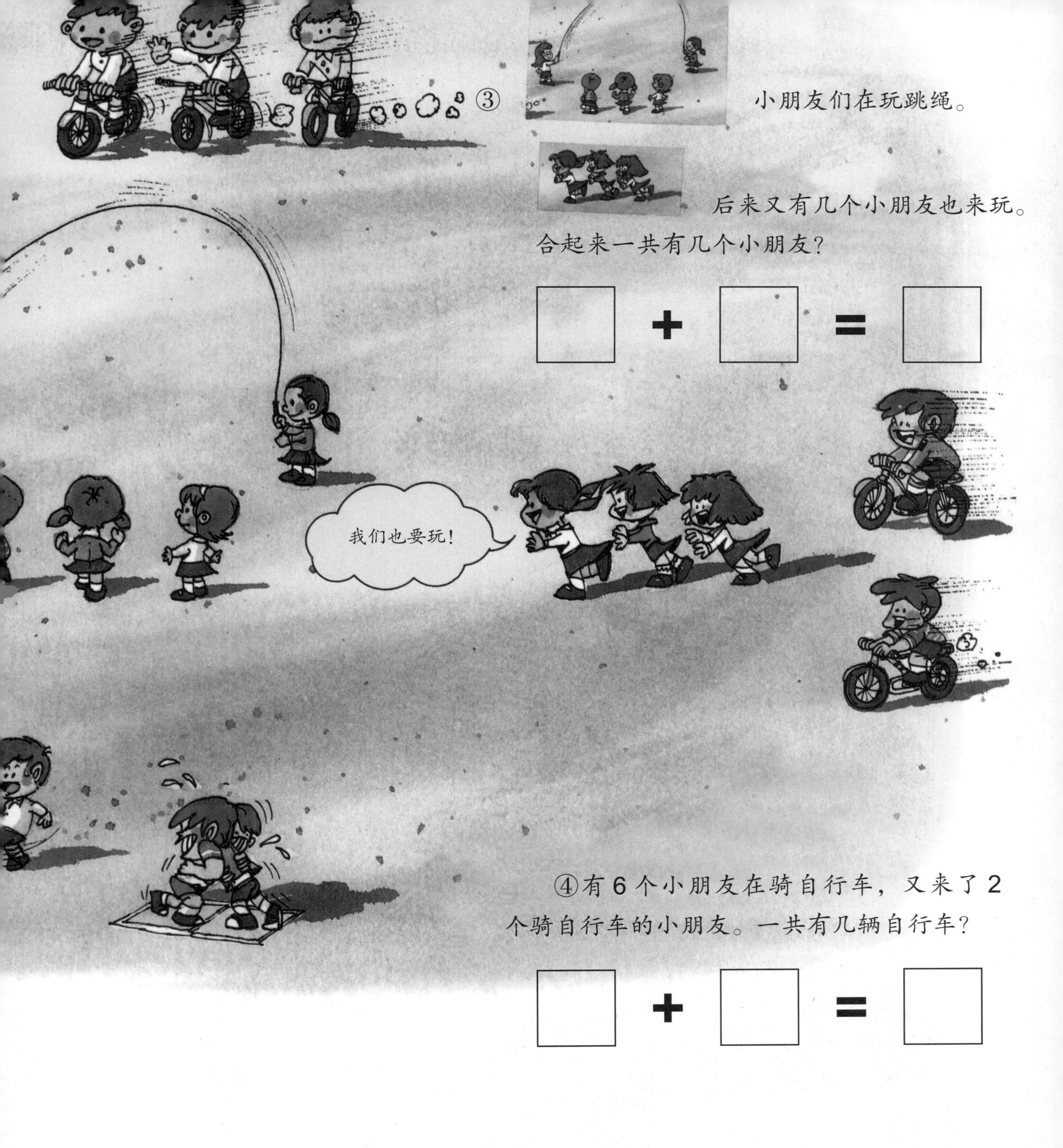

③ 小朋友们在玩跳绳。

后来又有几个小朋友也来玩。合起来一共有几个小朋友？

□ + □ = □

④有 6 个小朋友在骑自行车，又来了 2 个骑自行车的小朋友。一共有几辆自行车？

□ + □ = □

答案：1. ① 3+2=5，5 朵；② 2+4=6，6 人；③ 5+3=8，8 个；④ 6+2=8，8 辆。

2. 算一算，剩下多少？

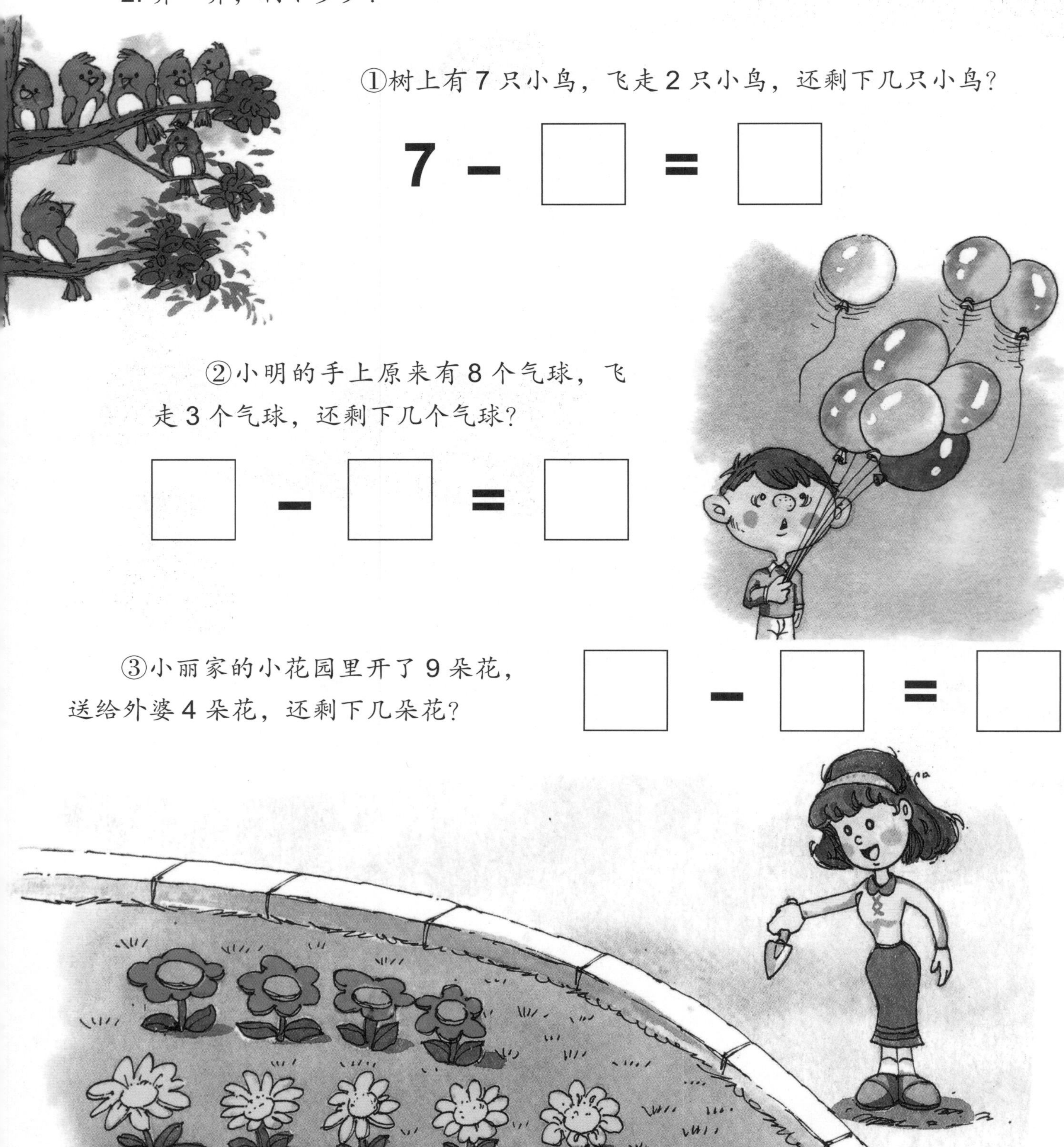

①树上有 7 只小鸟，飞走 2 只小鸟，还剩下几只小鸟？

7 － □ ＝ □

②小明的手上原来有 8 个气球，飞走 3 个气球，还剩下几个气球？

□ － □ ＝ □

③小丽家的小花园里开了 9 朵花，送给外婆 4 朵花，还剩下几朵花？

□ － □ ＝ □

3. 算一算，相差多少？

①绿青蛙和红青蛙相差几只？

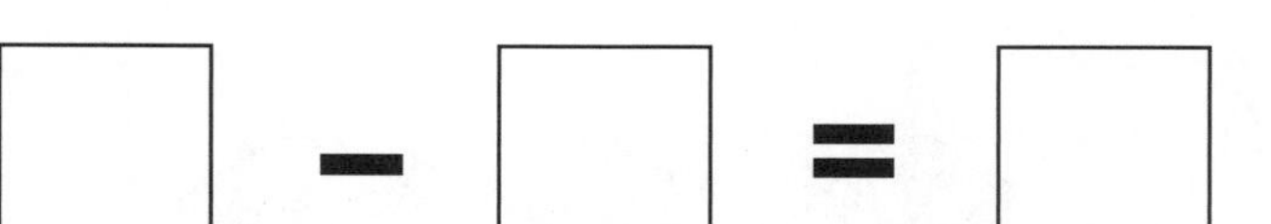

②红花和黄花相差几朵？

③男生有□人，女生有□人。 男生和女生相差几人？

答案：2. ① 5 只，7−2=5；② 5 个，8−3=5；③ 5 朵，9−4=5。
3. ① 2 只，5−3=2；② 2 朵，3−1=2；③ 9，3，6，9−3=6。

4. 利用写有数字的数线算一算。

① 3 辆红色汽车和 7 辆蓝色汽车合起来，一共有几辆汽车？

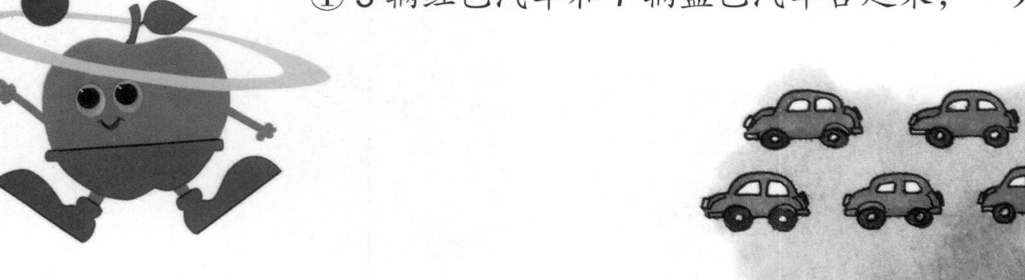

把和汽车一样多的纽扣摆在数线下面，数一数，就知道答案啦！

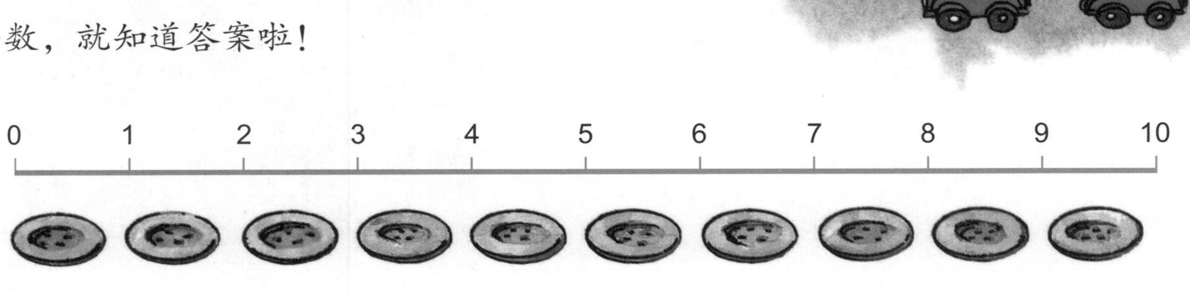

3 + 7 = □

②红色汽车和蓝色汽车相差几辆？

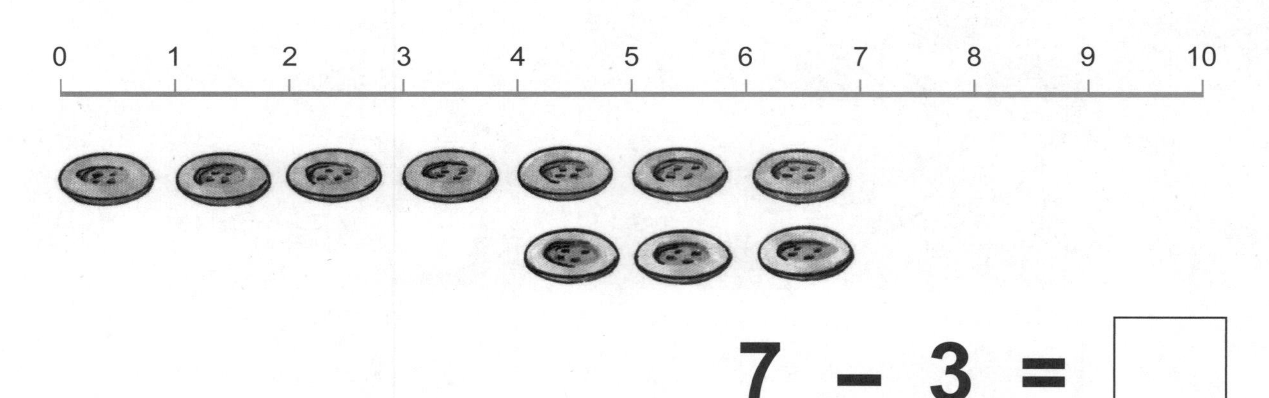

7 − 3 = □

5. 算一算，加起来是多少？在数线上相加。

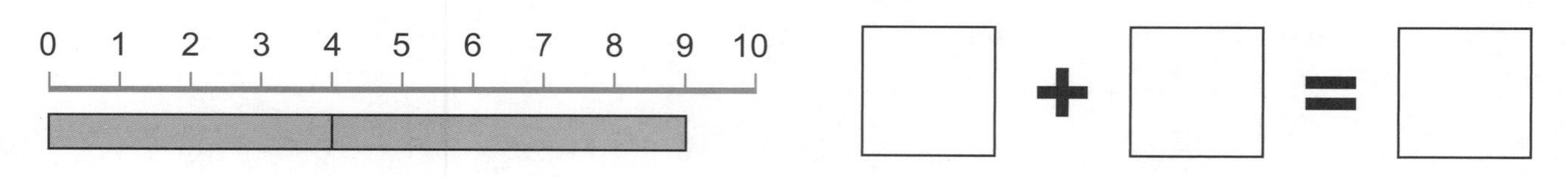

□ + □ = □

答案：4. ① 10； ② 4。5. 4+5=9。

6. 算一算下面的题目。

①哪几题的答案是 5？

在答案是 5 的题目上画“○”。

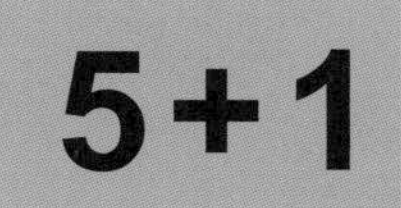

2+3　　4+2

7－3　　9－4　　8－3

6－2　　4+1

1+5，2+4，3+3，4+2，5+1 的和都是 6。

②找一找，上面的题目中，哪一题的答案是 6？在答案是 6 的题目上画“△”。

③下面各题的答案都是 10，？是多少？请把数字写在下面的□里。

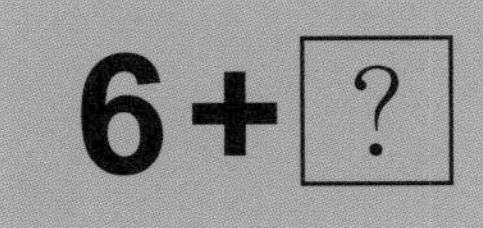

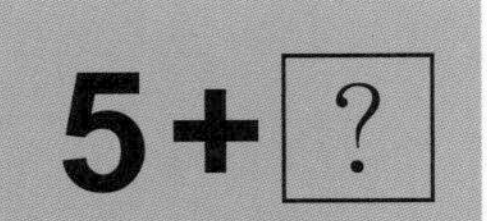

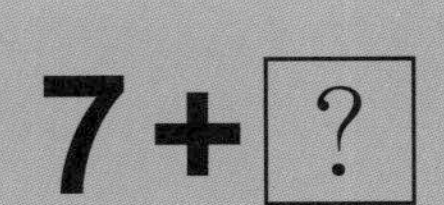

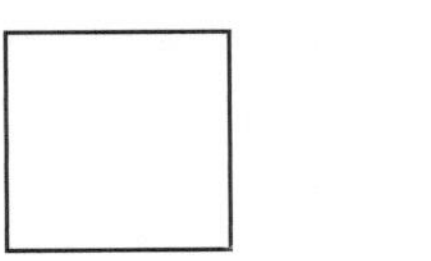

答案：6. ① 2+3，9−4，8−3，4+1；② 5+1，4+2；③ 4，2，5，3。

解题训练

■ 算一算，总共有多少？

1

停车场里原来有 4 辆汽车，又来了 3 辆汽车，一共有几辆汽车？

◀ 提示 ▶
比 4 大 3 的数。

解法　用纽扣分别表示原来的 4 辆车和后来的 3 辆车。把 4 颗纽扣和 3 颗纽扣放在一起。

4+3=7

答案：一共有 7 辆汽车。

■ 找出较大的数

2

有 6 只猫，狗比猫多 3 只，一共有几只狗？

◀ 提示 ▶
比 6 多 3 的数。

解法　用红纽扣表示猫的数量，用白纽扣表示狗的数量。

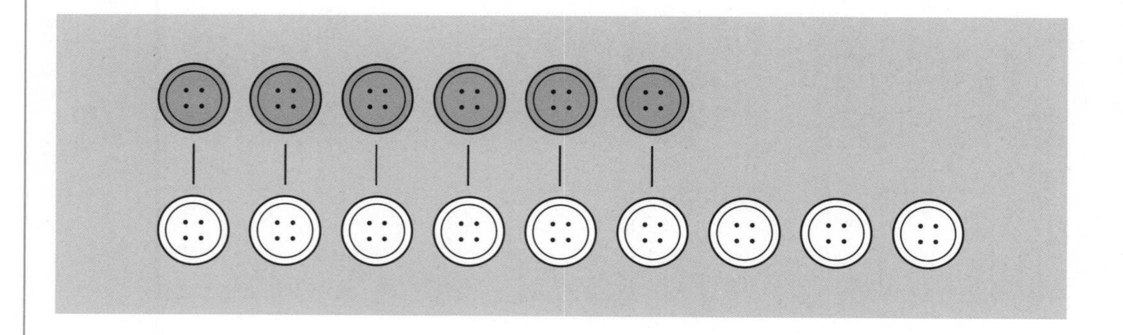

6+3=9　答案：一共有 9 只狗。

■ 算一算，相差多少？

3

小英和小玉一起去采栗子，小英采了 9 颗，小玉采了 6 颗。比一比，谁采得多？多了几颗？

◀ 提示 ▶
利用减法算出答案。

解法　用 9 颗纽扣和 6 颗纽扣做比较。

小英 ● ● ● ● ● ● ● ● ●
小玉 ● ● ● ● ● ●　多 3 颗

9−6=3

答案：小英多采了 3 颗栗子。

■ 算出较小的数

4

小伙伴们捡石头玩，小明捡了 8 块，小华比小明少捡 3 块，小华捡了几块？

◀ 提示 ▶
比 8 小 3 的数。

解法　小华捡的石头比 8 块少 3 块。

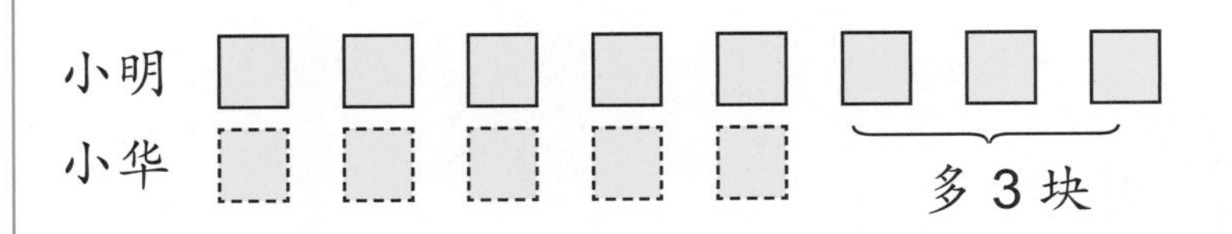

8−3=5　　答案：小华捡了 5 块石头。

加强练习

1. 原来有 5 只燕子，又飞来 2 只燕子，共有多少只？

2. 看图，把句子补充完整。

①电线上原来有 4 只小鸟，

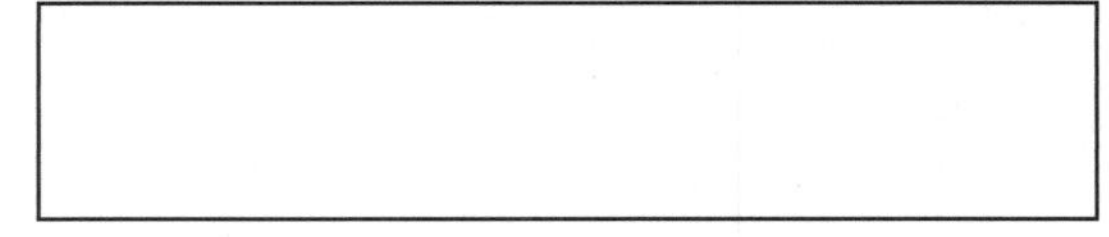

3 只小鸟，

一共有 7 只小鸟。

②盘子里原来有 8 块饼干，

4 块饼干，

还剩下 4 块饼干。

3. 原来有 10 支铅笔，用了 6 支铅笔，还剩几支铅笔？

算式 [　　　　] 答案：还剩下 □ 支铅笔。

解答和说明

1. 加上飞来的燕子，5+2=7，答：一共有 7 只燕子。

2. ①飞来。②吃掉。

4. 小明比小华小 3 岁，小华今年 9 岁，小明今年几岁？

我几岁？

我 9 岁。

小明 小华

算式 [ ] 答案：小明今年 □ 岁。

5. 小朋友们赛跑。从前面开始往后数，小平是第 4 个；从后面开始往前数，小平还是第 4 个。请问，一共有多少个小朋友参加赛跑？

算式 [ ] 答案：一共有 □ 人。

3. 用了 6 支铅笔，可以用减法计算。10−6=4。答：还剩下 4 支铅笔。

4. 把小华的岁数减 3。9−3=6。答：小明今年 6 岁。

5. 从第 1 人到小平共有 4 人，小平后面还有 3 人。4+3=7。答：一共有 7 人。

写一个你喜欢的算式，
画出它的故事。

50以内的数

50以内的数

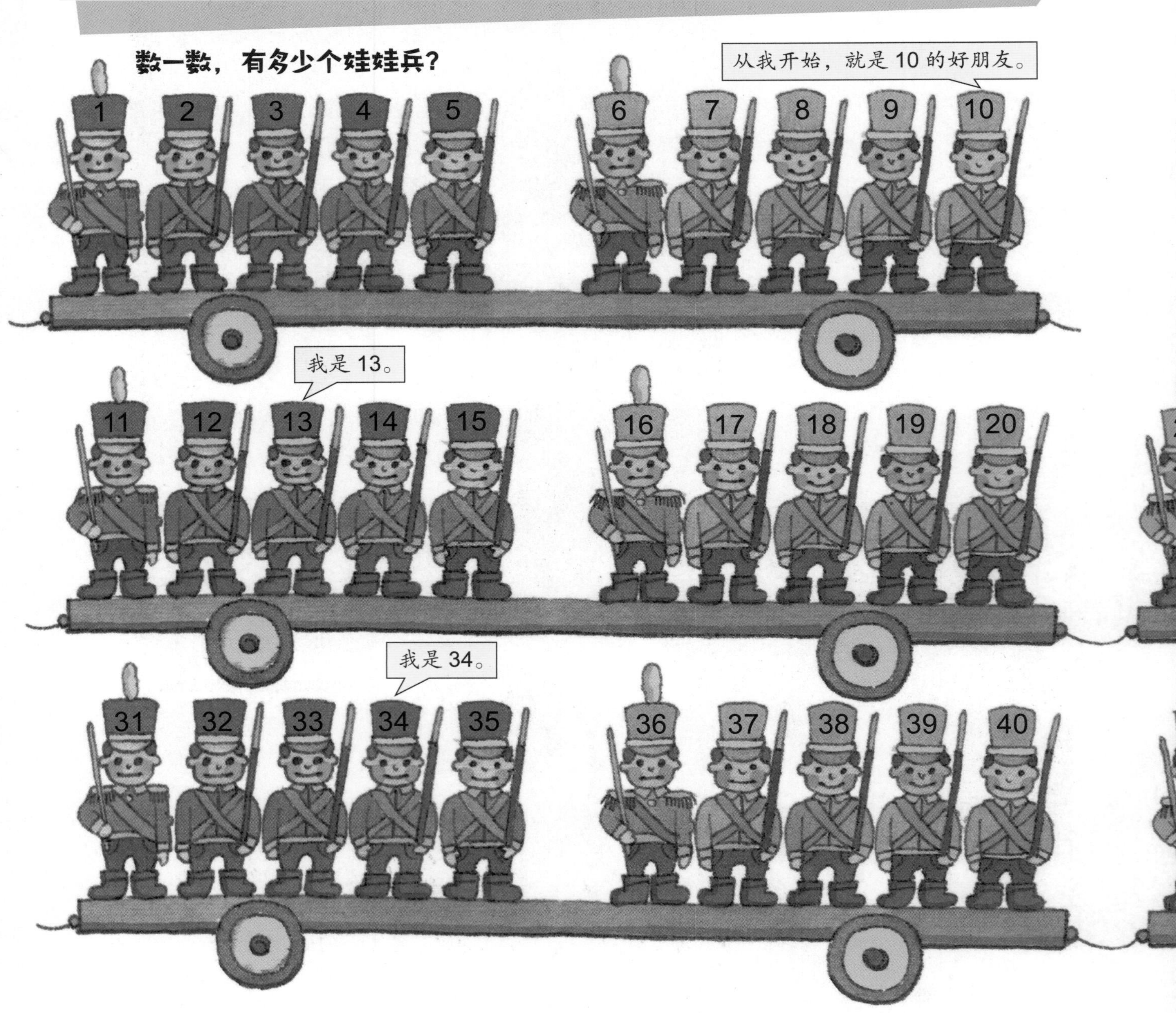

◆ 数一数，5，10，15，20…5个一数，数到50。

		1					2					3					4					5					6				
1	2	3	4	5	6	7	8	9	10	11	12	13	14	15	16	17	18	19	20	21	22	23	24	25	26	27	28	29	30	31	32

◆ 把 0 加进去以后，数的排列变成：

0	1	2	3	4	5	6	7	8	9
10	11	12	13	14	15	16	17	18	19
20	21	22	23	24	25	26	27	28	29
30	31	32	33	34	35	36	37	38	39
40	41	42	43	44	45	46	47	48	49
50									

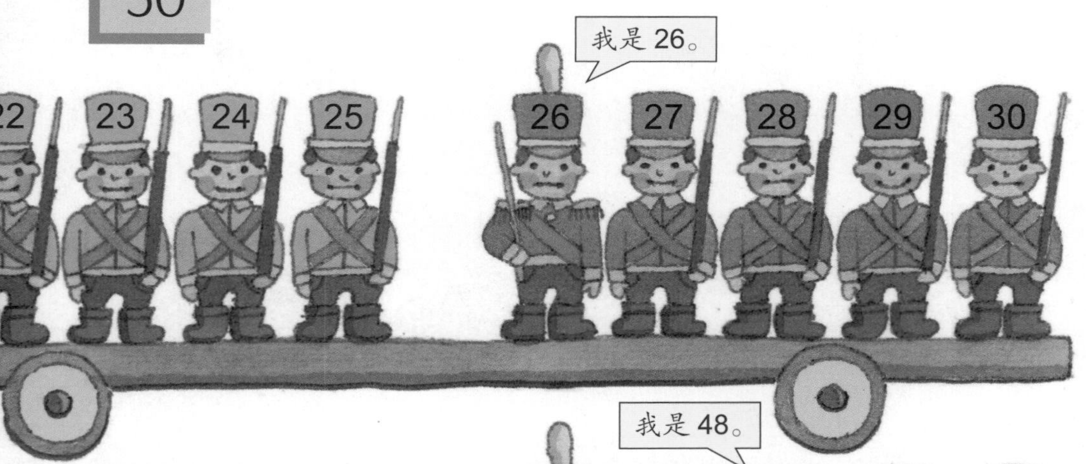

我是 30。到我为止共有 3 个 10。小朋友数一数，看我说的对不对。

我是 48。

42 43 44 45 46 47 48 49 50

我是 50。到我为止共有 5 个 10。小朋友再数一次，看我说的对不对。

※ “5 个一数”，2 个“5”就是 10，10 个“5”合起来就是 50。

引爆数学力

按顺序从 1 数到 50，熟能生巧，很快就可以流利地“5 个一数”和“10 个一数”，成为数数高手。别忘了对比一下手指哦。

		8					9					10					11
36	37	38	39	40	41	42	43	44	45	46	47	48	49	50	51	52	53

个位和十位

从 1 到 50，用数字写一写。

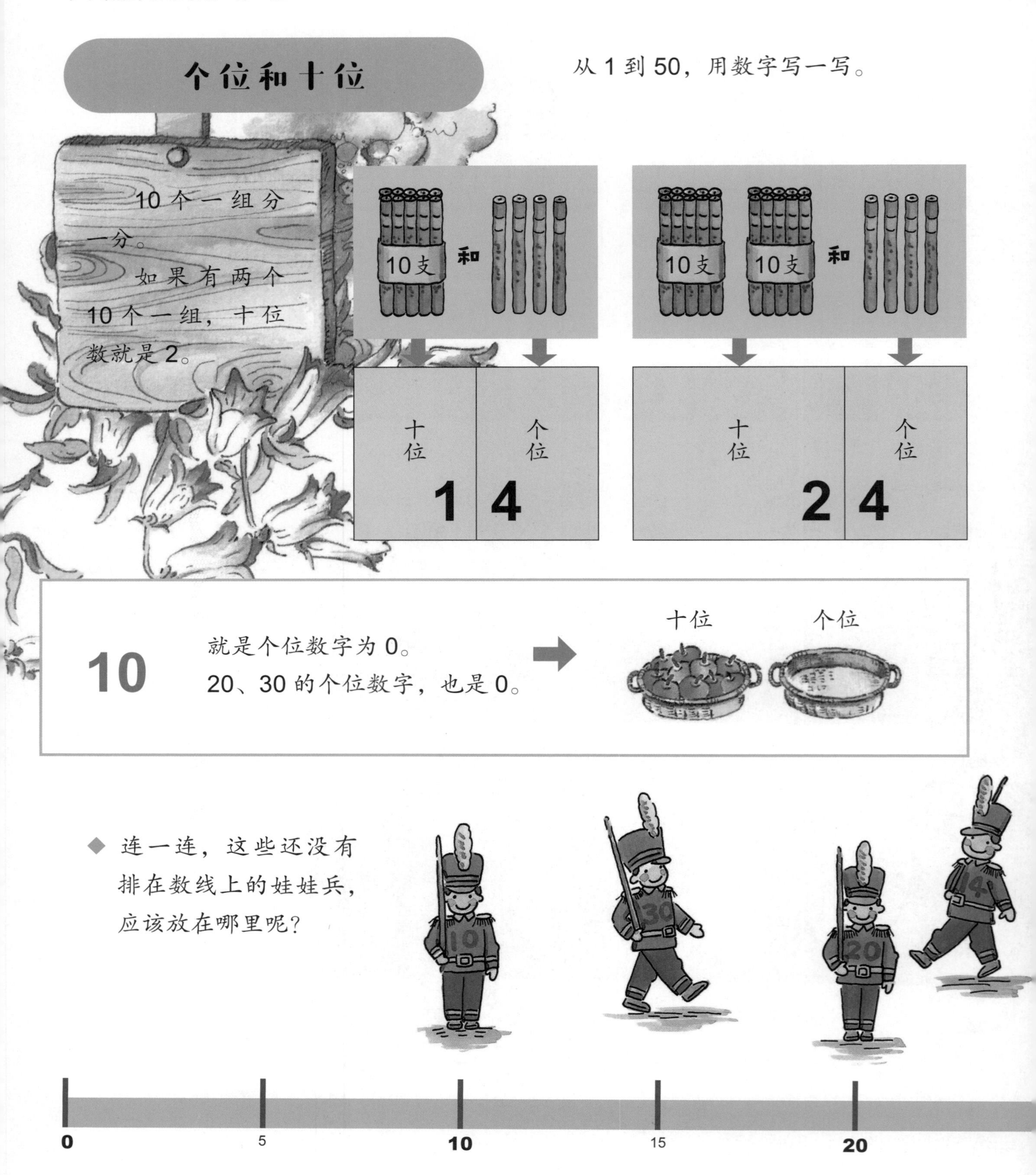

10 就是个位数字为 0。
20、30 的个位数字，也是 0。

◆ 连一连，这些还没有排在数线上的娃娃兵，应该放在哪里呢？

引爆数学力

掌握个位、十位等数位概念，对正确书写数字很重要，对快速而准确地计算也大有帮助哦！加油！

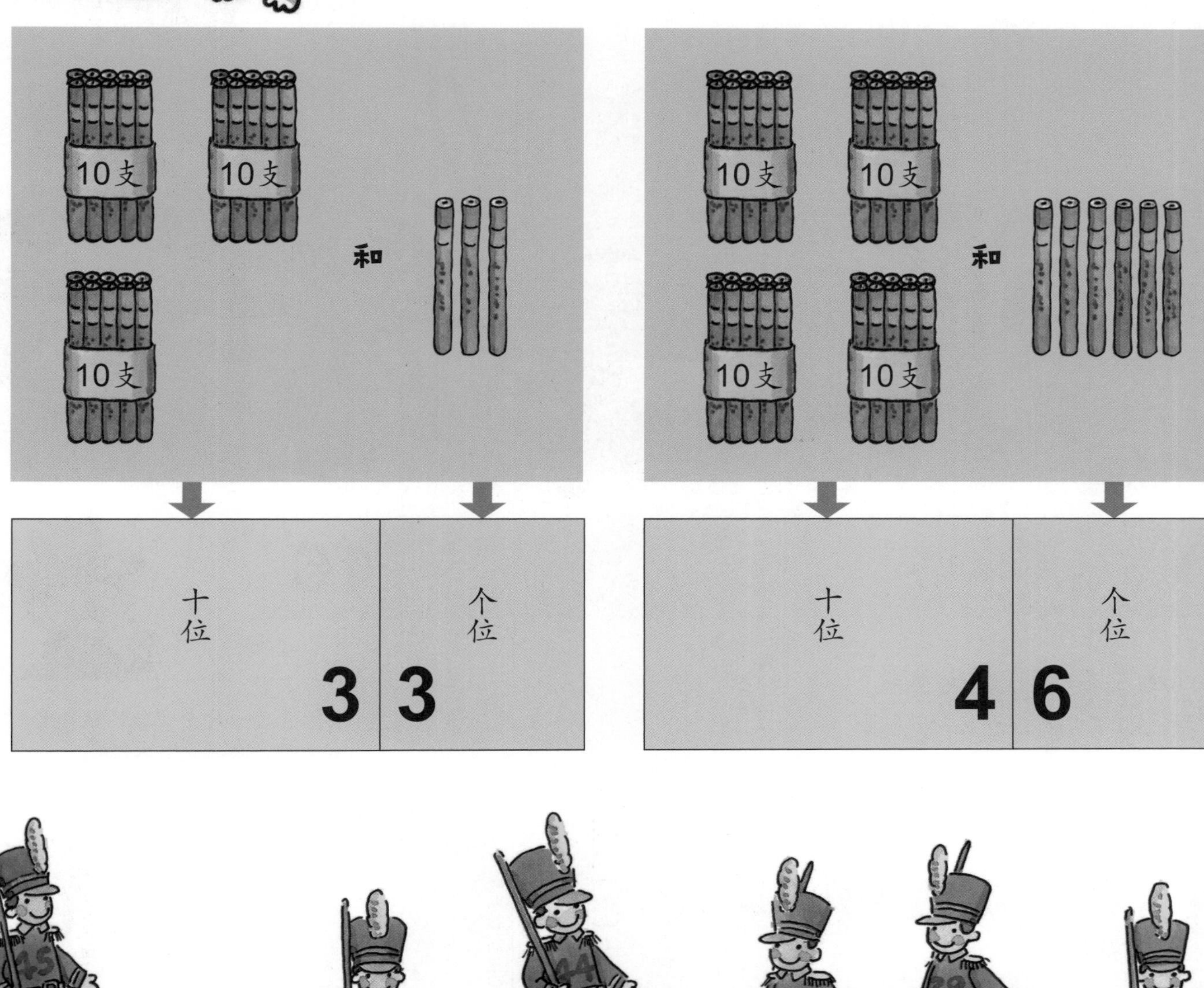

30 35 40 45 50

数到 50

马车开进小镇来喽！比一比，哪一队的人多？每一辆马车上都载了 10 个人哦！

这一队一共有 16 人。 → **16**

◆ 把人数用小方块替换，数一数，哪一队的人多？

先比一比十位数，就知道哪一队的人数多啦！

十位　个位

16 的十位（数）是 **1** →

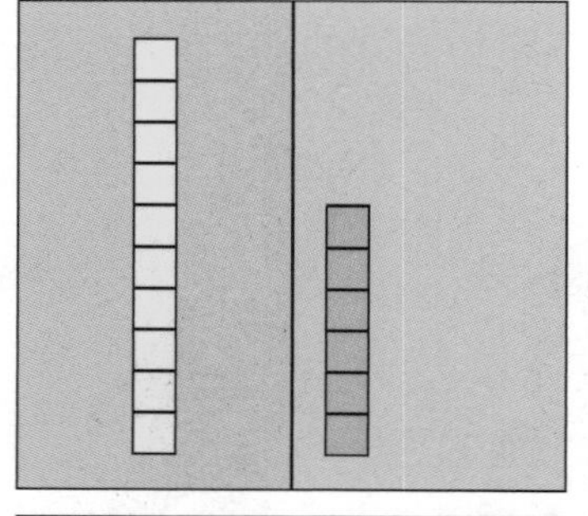

← 个位（数）是 **6**

32 的十位（数）是 **3** →

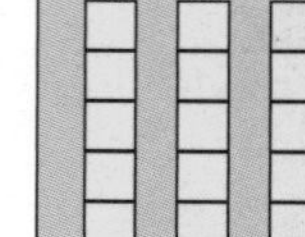

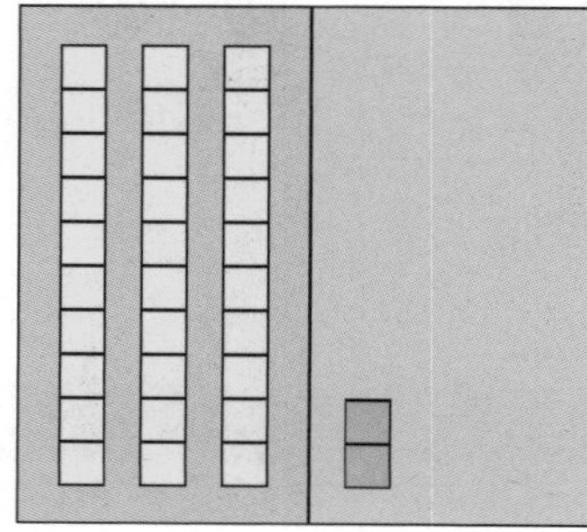

← 个位（数）是 **2**

※16 的十位数和 32 的十位数相比，32 更大。

虽然 32 的个位数比 16 的个位数小，但还是 32 更大。

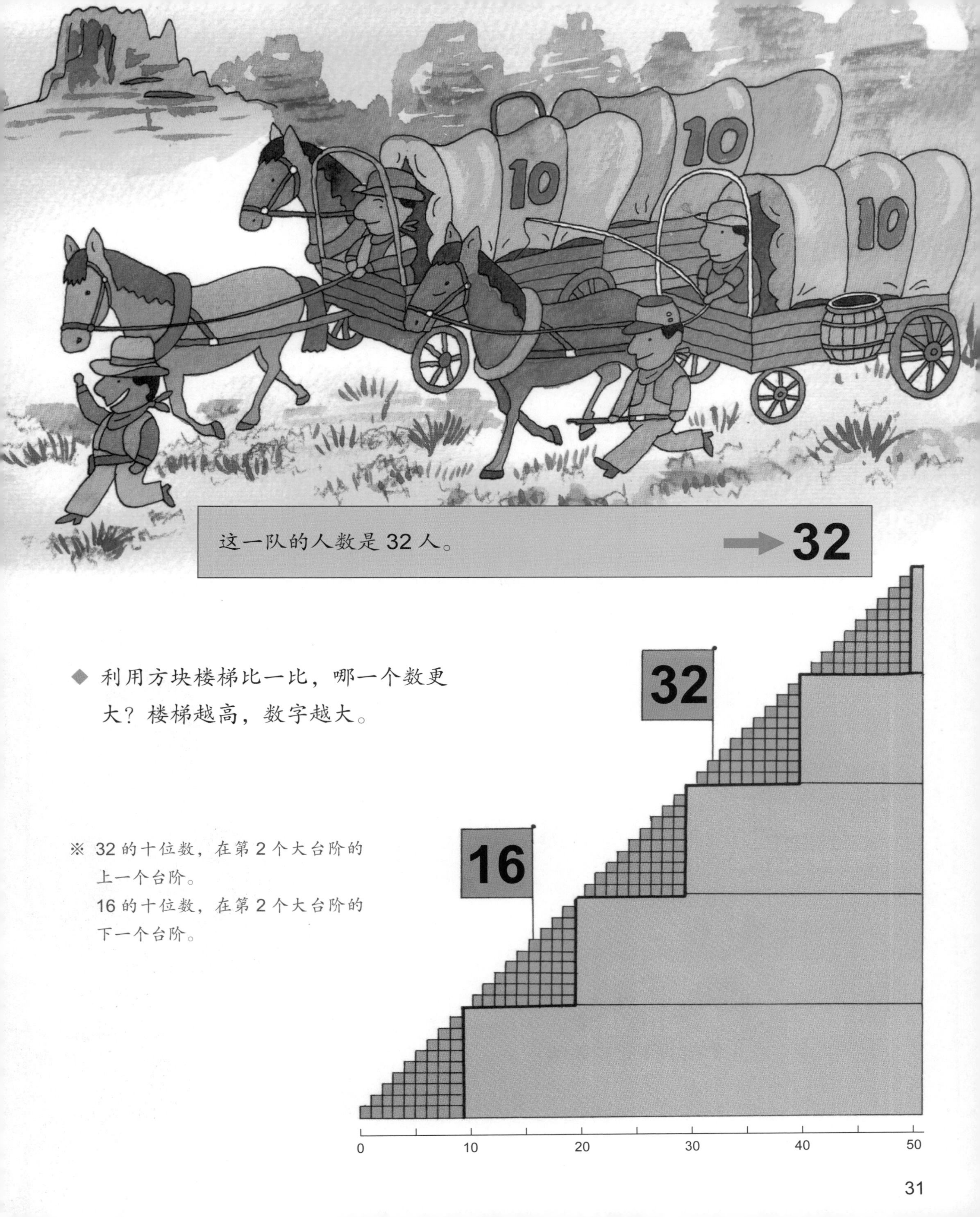
10
10
10
这一队的人数是 32 人。
32
◆ 利用方块楼梯比一比，哪一个数更大？楼梯越高，数字越大。
32
16
※ 32 的十位数，在第 2 个大台阶的上一个台阶。
16 的十位数，在第 2 个大台阶的下一个台阶。
0
10
20
30
40
50

巩固与拓展

试一试，来做题。

1. 大赛车。看图，答一答。

（1）跑道上共有几辆赛车？每辆赛车上各放一枚硬币，算一算。

 辆

（2）看赛车上的编号回答问题。

①个位上的数是 0 的赛车共有几辆？

 辆

②个位上的数是 2 的赛车共有几辆？

 辆

③十位上的数是 2 的赛车共有几辆？

 辆

④十位上的数是 1 的赛车一共有几辆？

 辆

⑤把十位上的数是 4 的赛车编号写出来。

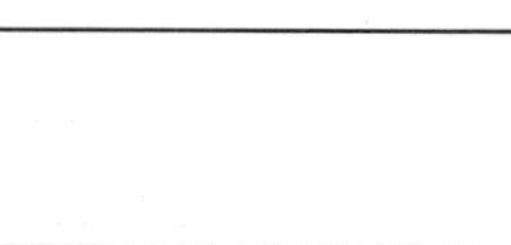

答案：1.（1）13。（2）① 3；② 2；③ 3；④ 4；⑤ 40，45，49。

⑥这些编号的个位上的数中还缺哪些数字？

⑦这些编号的十位上的数中还缺哪些数字？

答案：⑥7，8；
⑦0，5，6，7，8，9。

2. 看看图，答一答。

（1）在编号最大的赛车上画“○”。

（2）把赛车编号从小到大写出来。

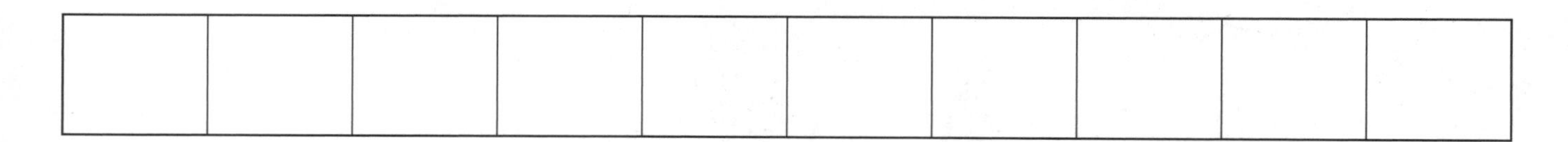

（3）画 的蓝队赛车编号有相同的地方，找找规律，在符合的词句后的括号中画“○”。个位上的数字相同（　　）十位上的数字相同（　　）

答案：2.（1）34；（2）25，26，27，28，29，30，31，32，33，34；（3）十位上的数字相同。

（4）比一比，是每一行右边赛车的编号大，还是左边赛车的编号大？在编号大的赛车后的括号中画“○”。

答案：（4）① 26；② 31；③ 30；④ 34；⑤ 32。

3. 按照从大到小的顺序填一填。

（2）在每一题的（　）中填上 1、2 或 3。最大的数填 1，第二大的数填 2，最小的数填 3。

① [**24, 19, 35**]
（　）（　）（　）

② [**14, 41, 28**]
（　）（　）（　）

③ [**43, 50, 34**]
（　）（　）（　）

④ [**49, 29, 39**]
（　）（　）（　）

答案：3.（2）① 2，3，1；② 3，1，2；③ 2，1，3；④ 1，3，2。

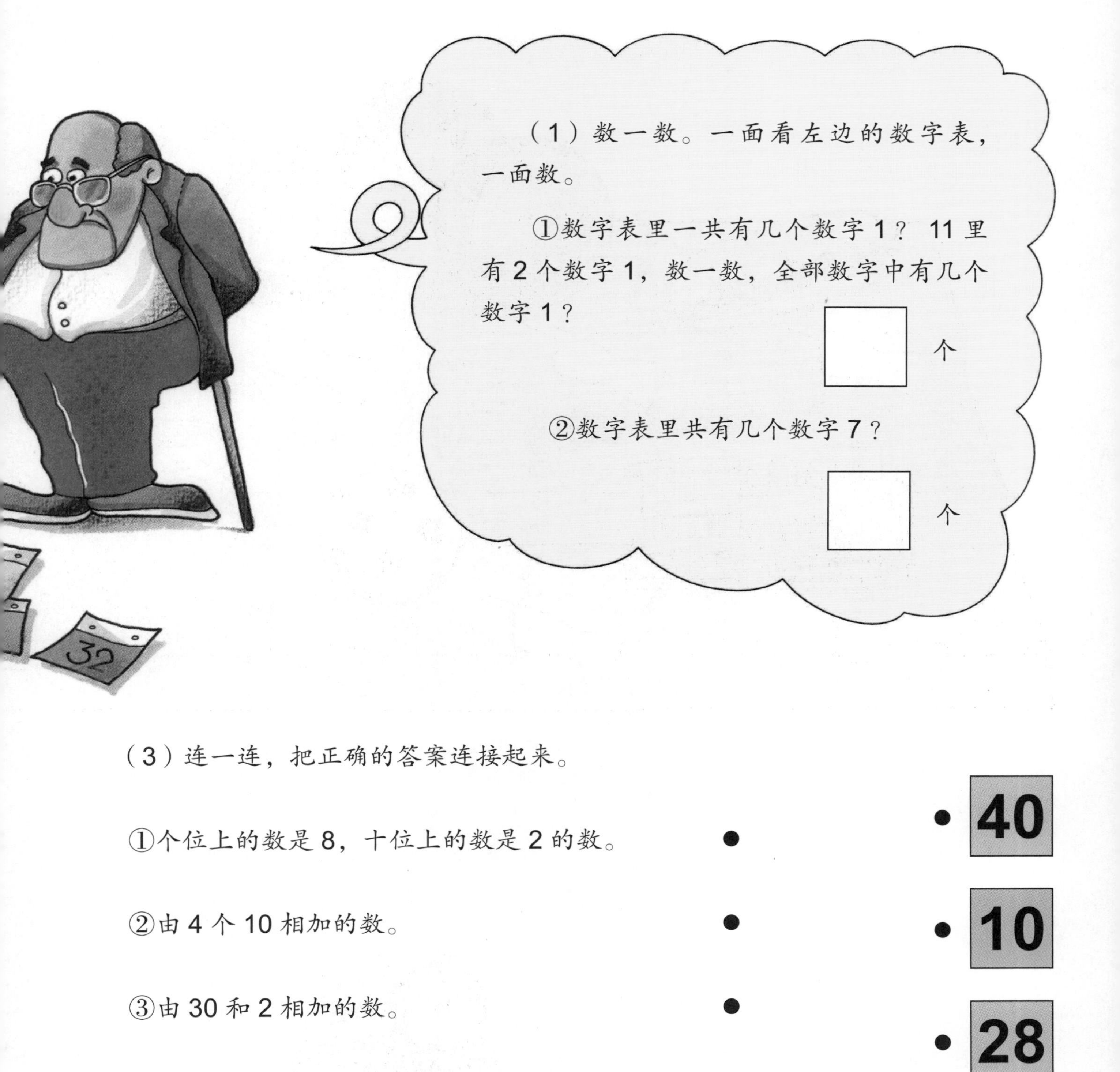

（1）数一数。一面看左边的数字表，一面数。

①数字表里一共有几个数字 1？ 11 里有 2 个数字 1，数一数，全部数字中有几个数字 1？

□ 个

②数字表里共有几个数字 7？

□ 个

（3）连一连，把正确的答案连接起来。

①个位上的数是 8，十位上的数是 2 的数。

②由 4 个 10 相加的数。

③由 30 和 2 相加的数。

④十位上的数是 1，个位上的数是 0 的数。

40

10

28

32

答案：3.（1）① 15 个；② 5 个。（3）① 28；② 40；③ 32；④ 10。

4. 欢乐购物街？

（1）看图答题。

① 10元的东西一共有几种？

 种

② 5元的东西一共有几种？

 种

③小华买了闹钟、冰激凌和火车，小华花了多少元钱？

□ 元

答案：4（1）①4种；②4种；③30元。

④小英用 50 元买了气球、汉堡和足球，给小英找回多少元钱？

□元

（2）数一数，一共有多少元钱？把答案写在□中。

①

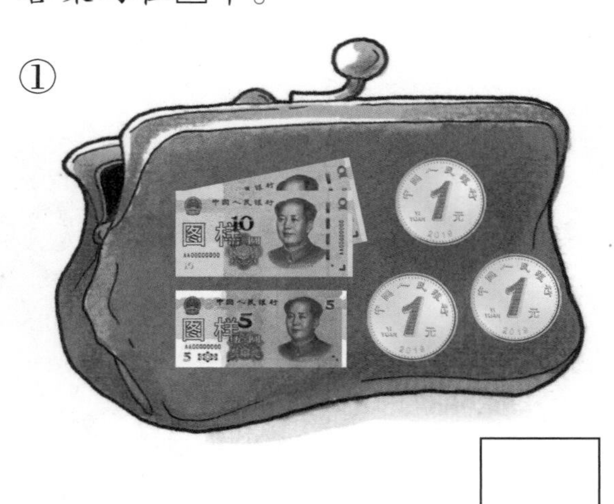

□元

②

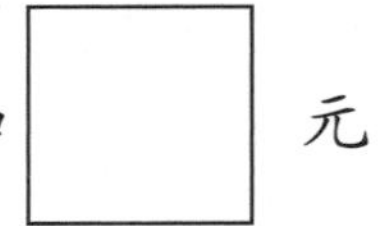

等于 30 元加□元

③

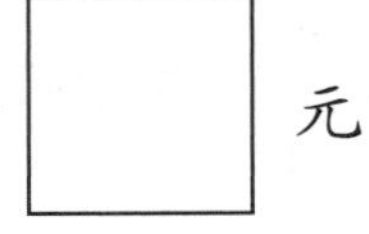

等于 20 元加□元

④ 29 元等于□元加 9 元

⑤ 34 元等于 30 元加□元

答案：④ 30 元。（2）① 28 元；② 5 元；③ 3 元；④ 20 元；⑤ 4 元。

加强练习

1. 填一填。

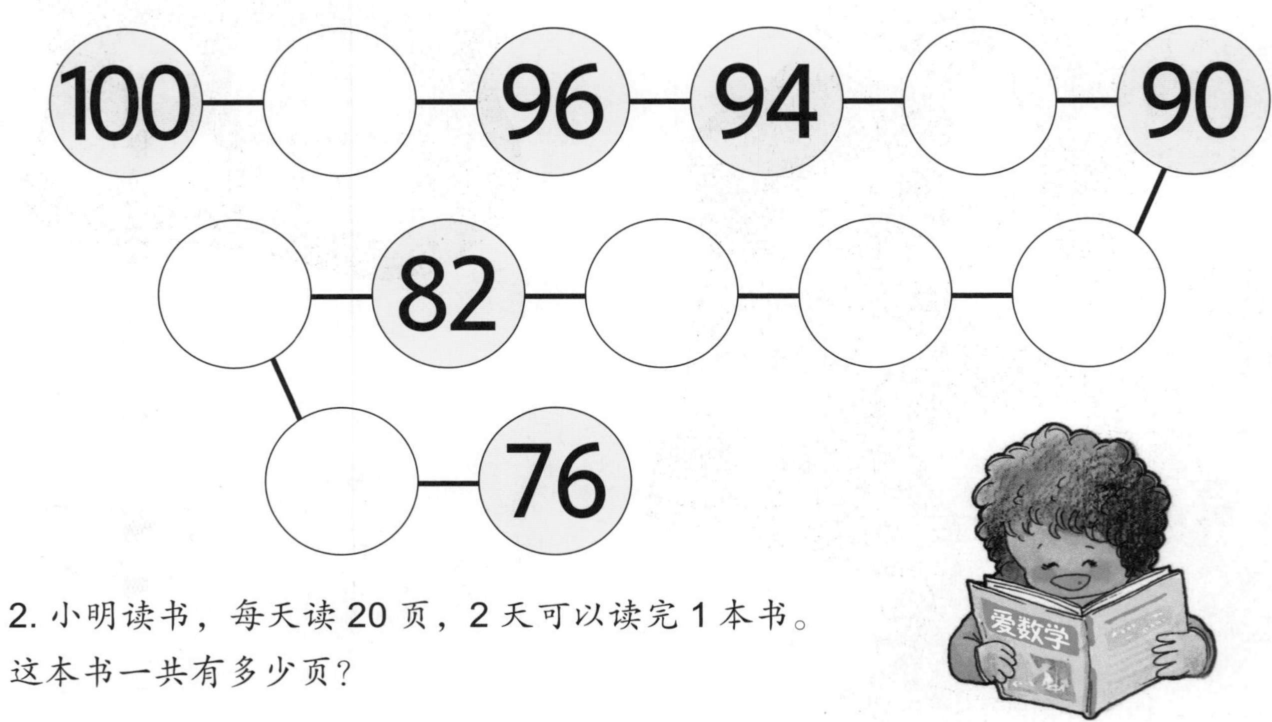

2. 小明读书，每天读 20 页，2 天可以读完 1 本书。这本书一共有多少页？

算式 [　　　　　　　　]　　答案 □ 页

解答和说明

1. 填写的时候，注意每个数相差 2。

答：98、92、88、86、84、80、78。

2. 每天读 20 页，2 天读 2 个 20 页，20+20=40（页）。

答：这本书一共有 40 页。

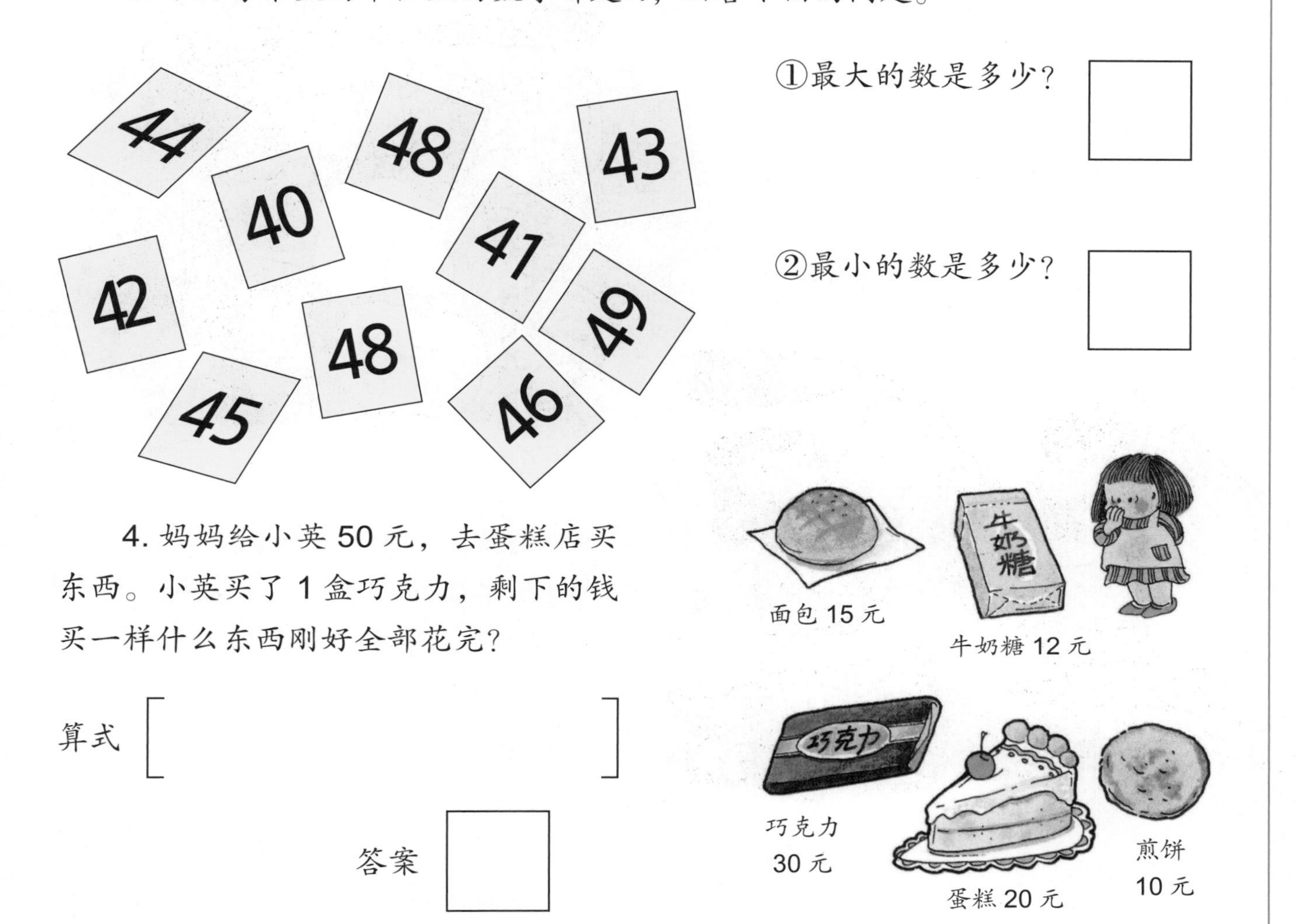

3. ①每个数的十位上的数字都一样，只要比较个位上的数字就可以知道它们的大小了。个位上数字最大的是 9。

答：最大的数是 49。

②个位上数字最小的是 0。

答：最小的数是 40。

4. 一共有 50 元，买巧克力用去 30 元，剩下 20 元，买 1 块蛋糕刚好全部花完。50−30=20（元）。

答：剩下的钱买蛋糕刚好全部花完。

数的智慧之源

古人和数

小朋友们，你们知道吗？人类在远古时代就会计算了。

但是，现在还有很多人过着和远古时代的人类一样的生活。

他们只会数像 1 和 2 这样小的数，碰到比 1 和 2 更大的数就不知道是多少了，就会用“很多”来表示。

如此一来，如果他们要拿 10 条鱼和 10 只鸟交换时，该怎么办呢？

小朋友们，你们玩过“以一换一”的游戏吗？

他们用一条鱼换一只鸡，再用另一条鱼换另一只鸡……像远古时代大多数人那样，用“以一换一”的方式，进行物品交换。

步印童书馆

步印童书馆 编著

北京市数学特级教师 丁益祥
北京市数学特级教师 司梁
『卢说数学』主理人 卢声怡
联袂力荐

小牛顿

数学分级读物

第一阶 3 20以内加减法

中国儿童的数学分级读物
培养有创造力的数学思维

讲透原理 → 系统进阶 → 思维转换

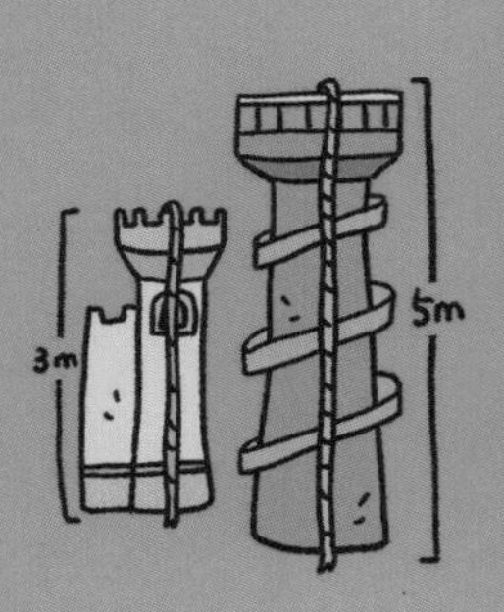

電子工業出版社
Publishing House of Electronics Industry
北京·BEIJING

图书在版编目（CIP）数据

小牛顿数学分级读物. 第一阶. 3, 20以内加减法 / 步印童书馆编著. -- 北京 : 电子工业出版社, 2024.6

ISBN 978-7-121-47626-6

Ⅰ. ①小… Ⅱ. ①步… Ⅲ. ①数学－少儿读物 Ⅳ. ①O1-49

中国国家版本馆CIP数据核字(2024)第068403号

特别鸣谢本书组稿策划人郑利强先生。

责任编辑：赵　妍　季　萌
印　　刷：当纳利（广东）印务有限公司
装　　订：当纳利（广东）印务有限公司
出版发行：电子工业出版社
　　　　　北京市海淀区万寿路173信箱　邮编：100036
开　　本：889×1194　1/16　印张：10.75　字数：218.4千字
版　　次：2024年6月第1版
印　　次：2024年6月第1次印刷
定　　价：80.00元（全4册）

凡所购买电子工业出版社图书有缺损问题，请向购买书店调换。若书店售缺，请与本社发行部联系，联系及邮购电话：（010）88254888，88258888。

质量投诉请发邮件至zlts@phei.com.cn，盗版侵权举报请发邮件至dbqq@phei.com.cn。

本书咨询联系方式：（010）88254161转1860，jimeng@phei.com.cn。

目录

20 以内加减法 · 5

20以内
加减法

10 的计算法

数一数，把 10+10 想象成卡车上的货物的数量。

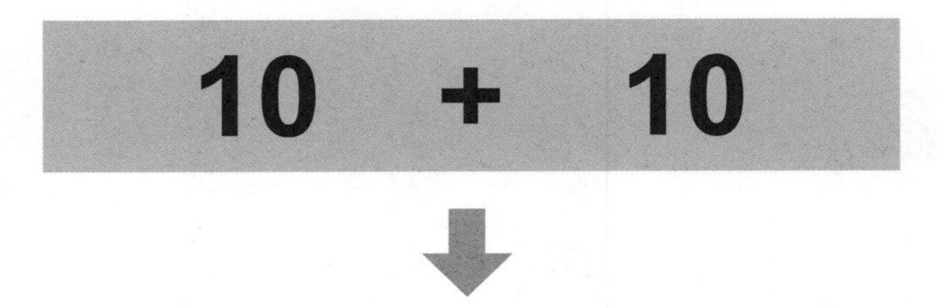

十位	个位
2	0

有 2 个 10，十位上是 2。

10+10=20

◆ **算一算**

① 20+30 等于多少？

20+30= 5 0（十位 5，个位 0）

② 10+40 等于多少？

10+40= 5 0（十位 5，个位 0）

想一想，把 20-10 想象成卡车上的货物数量。

◆ **算一算**

① 40−20 等于多少？

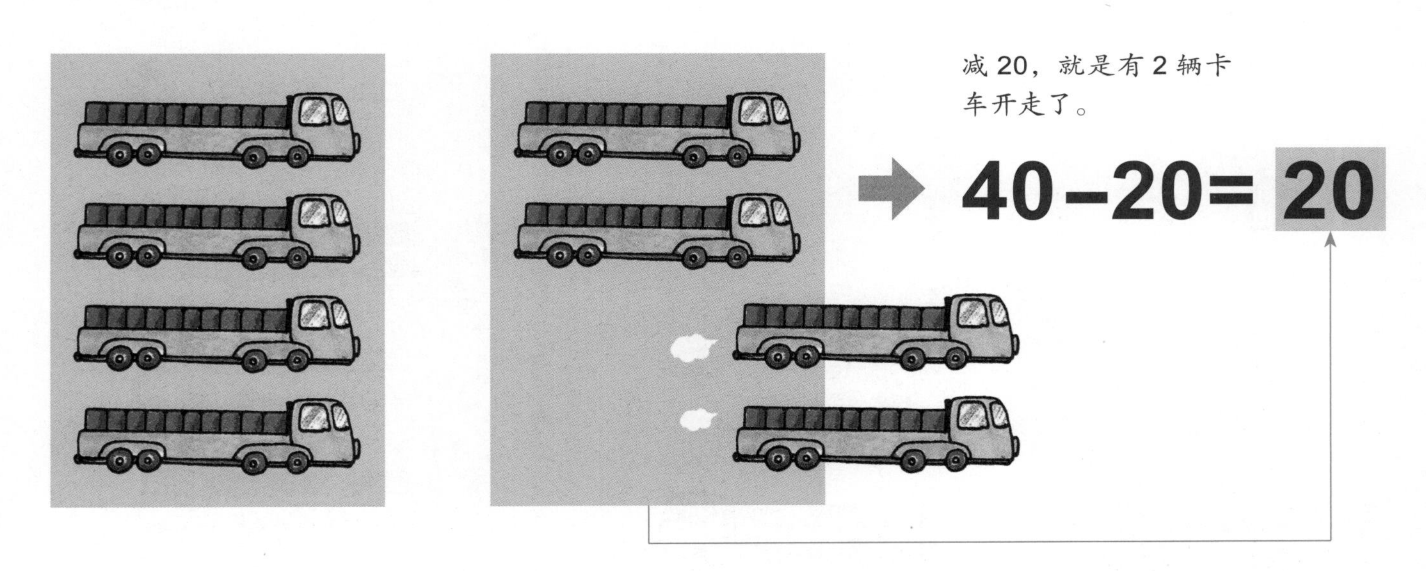

② 30−10 等于多少？

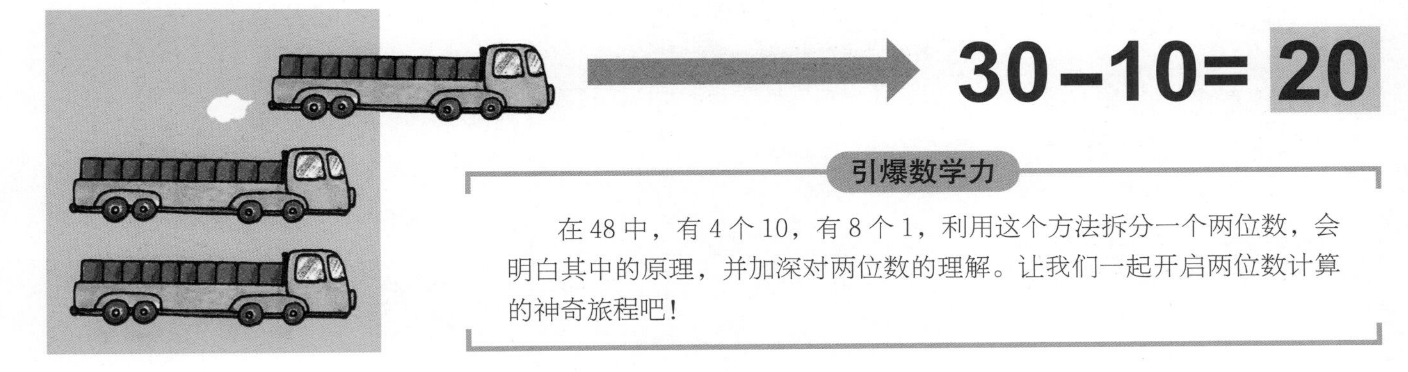

引爆数学力

在 48 中，有 4 个 10，有 8 个 1，利用这个方法拆分一个两位数，会明白其中的原理，并加深对两位数的理解。让我们一起开启两位数计算的神奇旅程吧！

想一想，卡车上的货物数量有个位数了，怎么算？

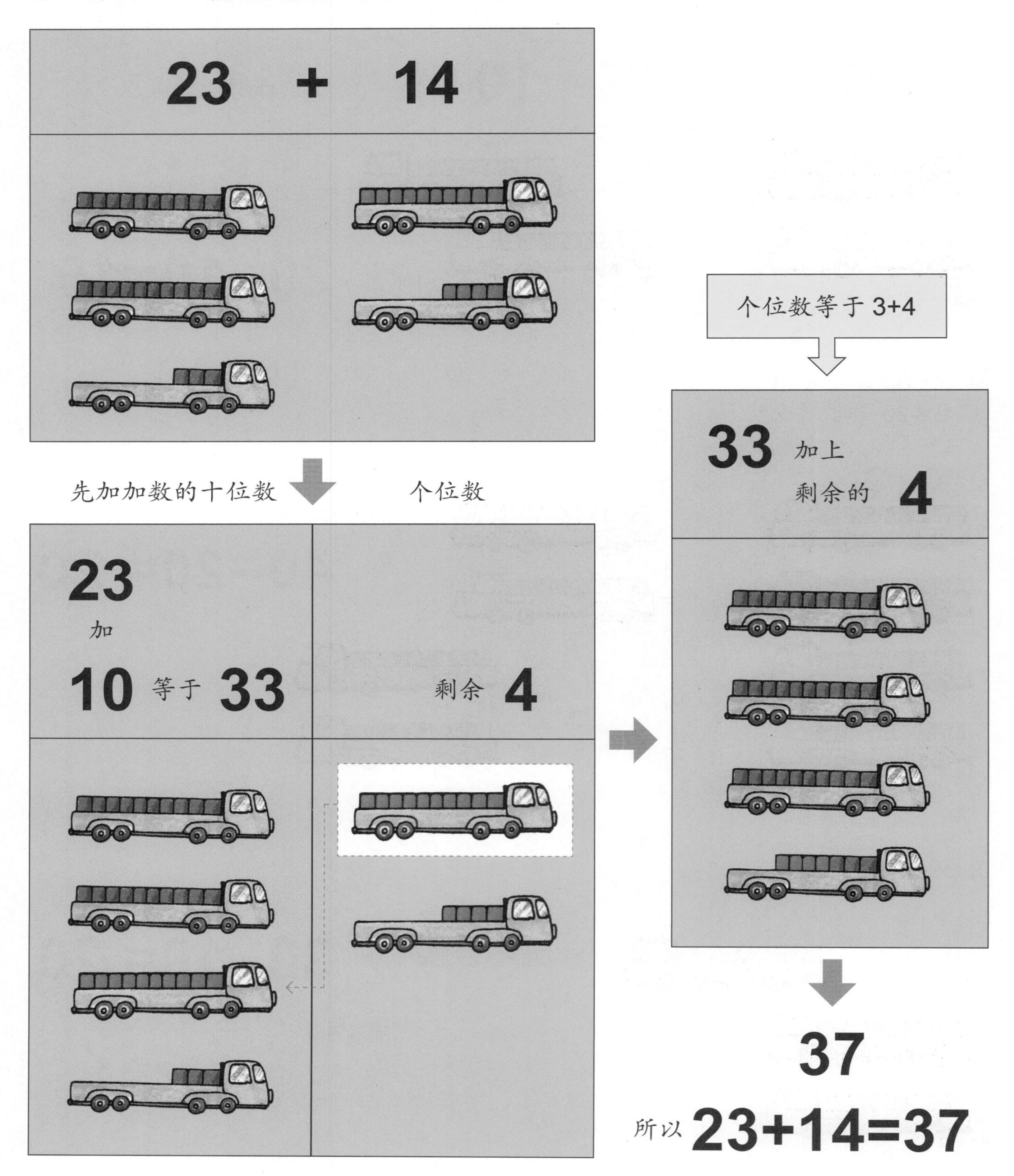

数一数，把 35-10 想象成卡车上的货物数量。

35

35 减 10

开走了 1 辆卡车

35 减 10，
十位数减 1。

35−10=25

◆ **算一算**

① 29−5 等于多少？

29−5= 24

② 27−12 等于多少？

27−12= 15

连续加法

数一数，
全部有多少？

有好多好多水果

数一数，一共有多少个？

写成 3+2+4

3 加 2 等于 5

5 加 4 等于 9

这 3 个数连续相加等于 9

最后有多少？

树上有 6 只猫头鹰

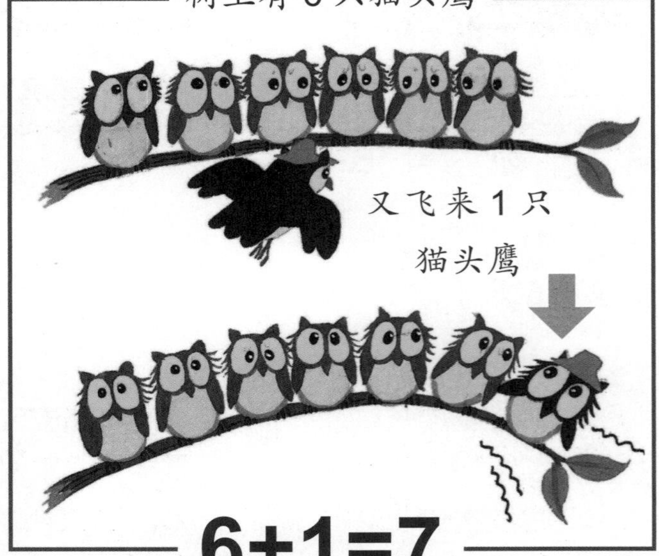

6+1=7

7−2=5

3 个数字，
用式子算一算

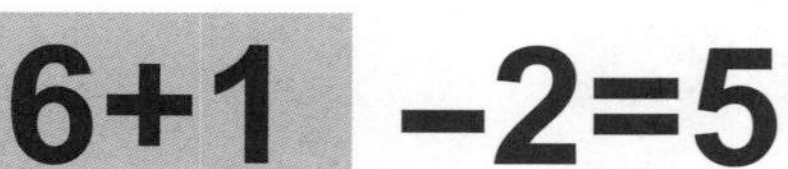

6+1 −2=5

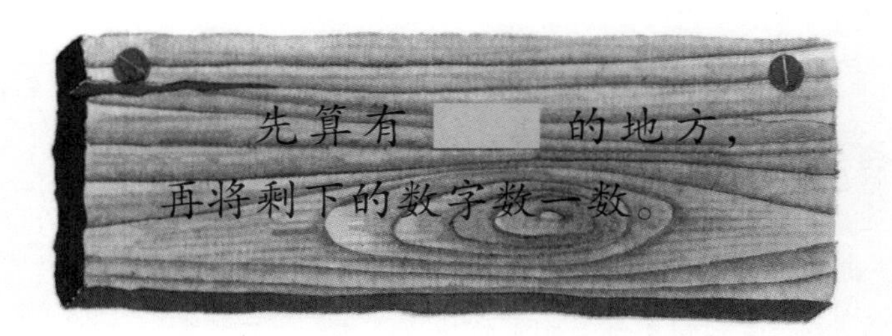

引爆数学力

计算加法和减法的综合题，要熟悉加法和减法的连续计算，并学会用算式解题。当遇到同类型题目时，一定要记住：由左到右依次计算，才能求出正确答案哦！

有 5 艘敌船攻过来了

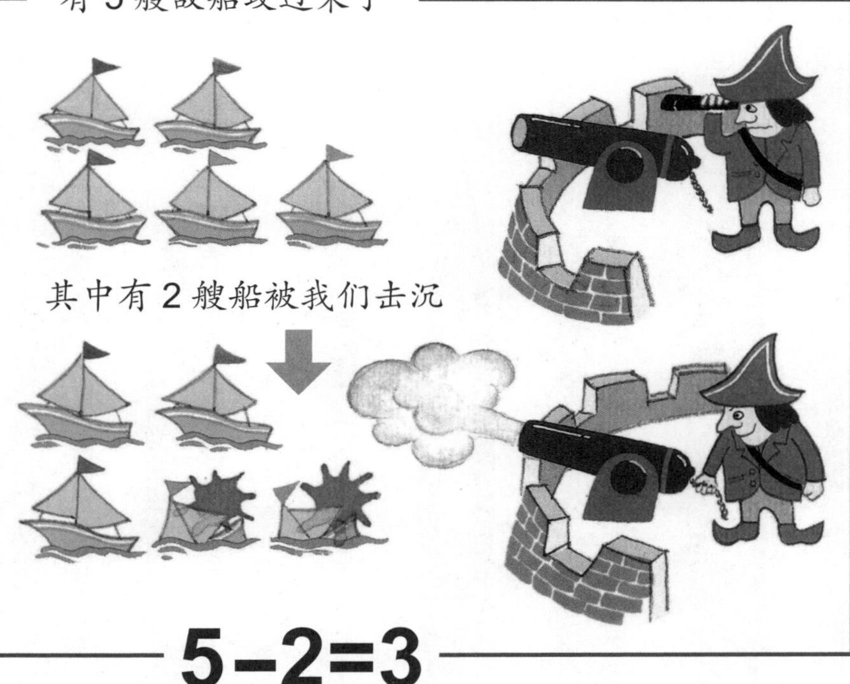

其中有 2 艘船被我们击沉

5−2=3

又有 1 艘船被击沉

3−1=2

写成算式为

5−2 −1=2

综合测验

① 连续用加法和减法计算。

4+4+1=

3+5+2=

7+2−4=

6−3+5=

10−6−3=

② 公共汽车上载有 7 位乘客。到站的时候，有 3 位乘客下车，6 位乘客上车。请问，现在车上共有几位乘客？

测验解答：①9，10，5，8，1；②车上共有 10 位乘客。

1到100的数

每一艘船上都坐着10只动物。
有10个10，所以一共有100只动物坐在船上。

◆ **数一数**

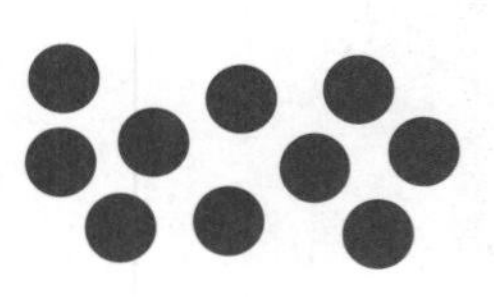

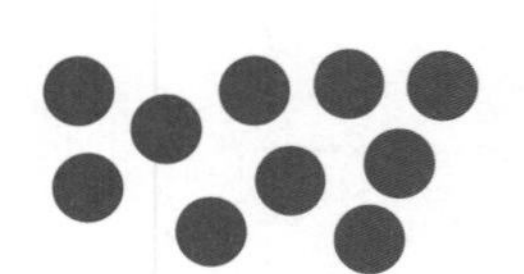

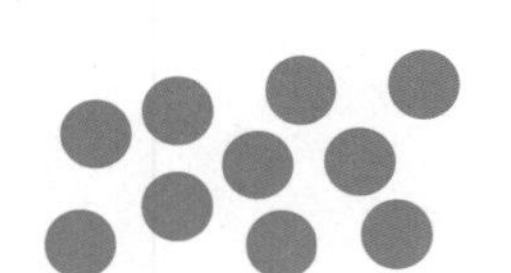

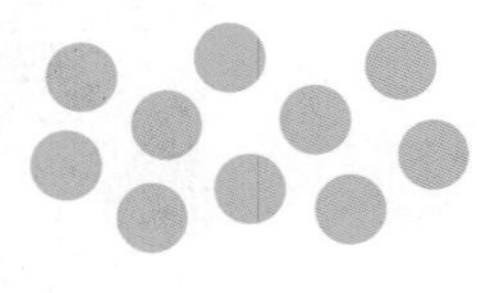

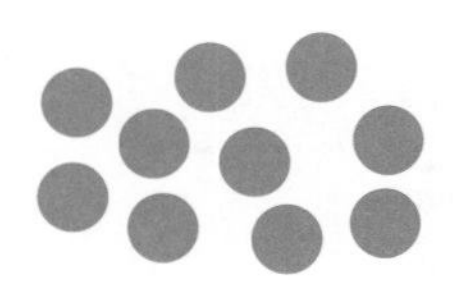

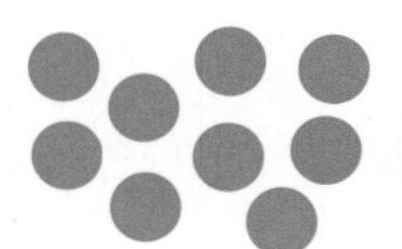

看一看，数一数，共有89个。

有8个10，其余的（不足10个的）圆点有9个，所以，一共有**89**个圆点。

◆ **看一看，想一想。从 0 到 100 的表中的数字是如何排列的？**

引爆数学力

利用“横着看十位上的数字相同，竖着看个位上的数字相同”这个认知，书写数字就变得简单了！

0	1	2	3	4	5	6	7	8	9
10	11	12	13	14	15	16	17	18	19
20	21	22	23	24	25	26	27	28	29
30	31	32	33	34	35	36	37	38	39
40	41	42	43	44	45	46	47	48	49
50	51	52	53	54	55	56	57	58	59
60	61	62	63	64	65	66	67	68	69
70	71	72	73	74	75	76	77	78	79
80	81	82	83	84	85	86	87	88	89
90	91	92	93	94	95	96	97	98	99
100									

和大于 10 的加法

让我们来算一算和大于 10 的加法。

想一想，**8+4** 等于多少？

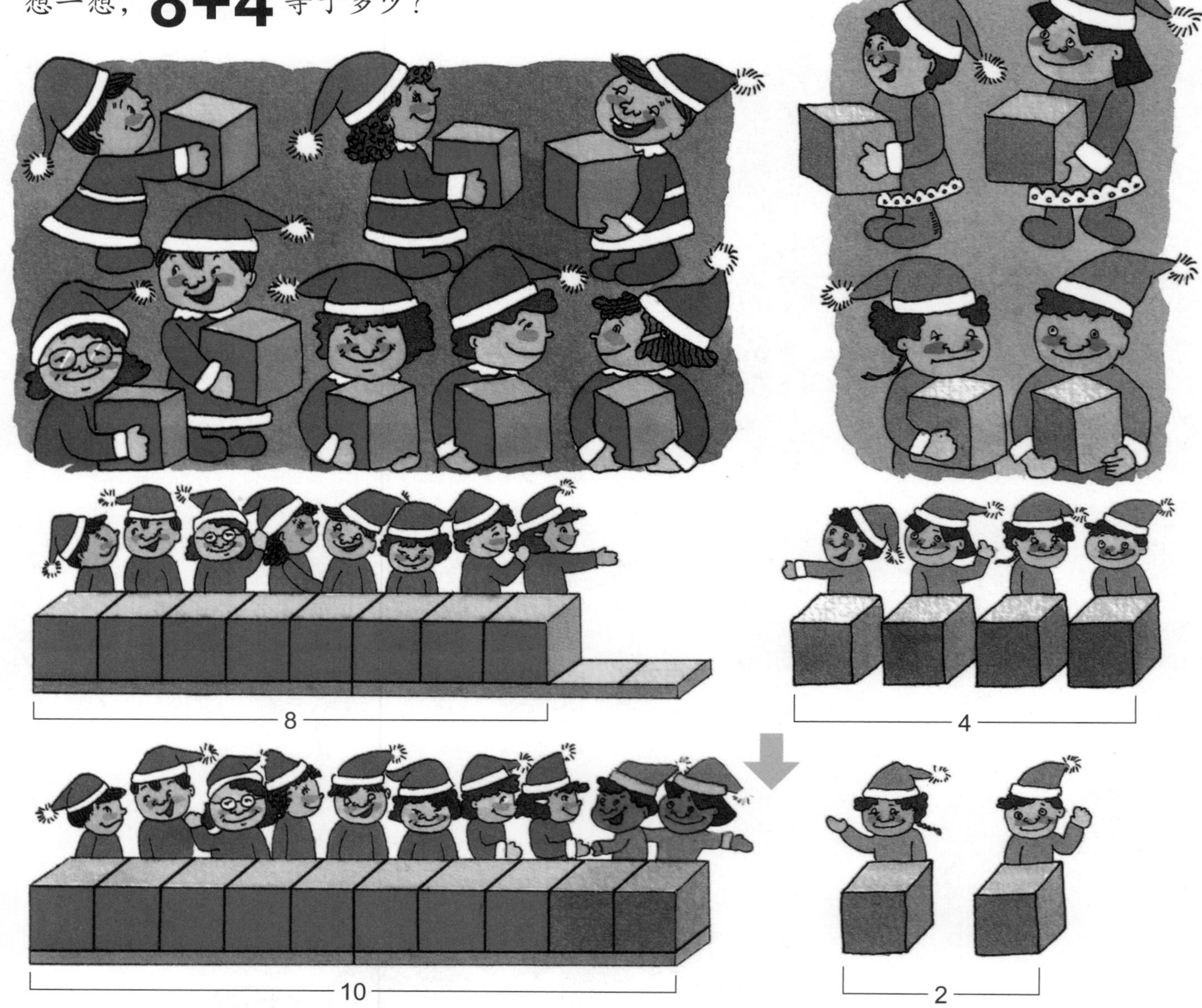

8+4 → 10+2 → 12

答案是 12

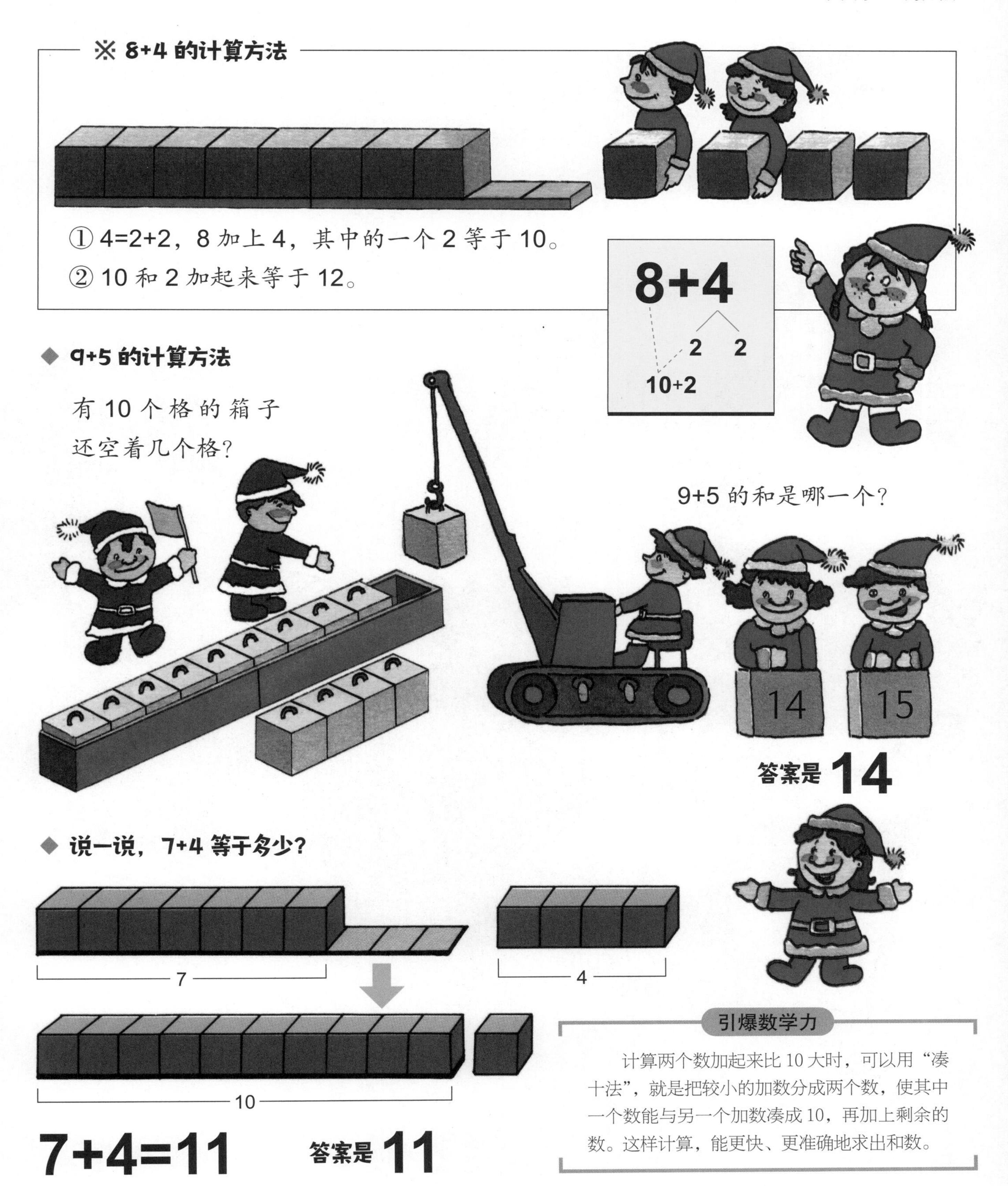

引爆数学力

计算两个数加起来比 10 大时，可以用“凑十法”，就是把较小的加数分成两个数，使其中一个数能与另一个加数凑成 10，再加上剩余的数。这样计算，能更快、更准确地求出和数。

7+4 的计算方法

戴蓝帽子的小矮人们坐在一辆马车上。后来，又有 4 个戴红帽子的小矮人跳上马车。请问，现在马车上一共有几个小矮人呢？

1

马车上已经有 7 个小矮人，再加上 3 个小矮人，一共有 10 个小矮人。

加数 4 分成 3 和 1。

$7 + 4$

$7 + 3 + 1$

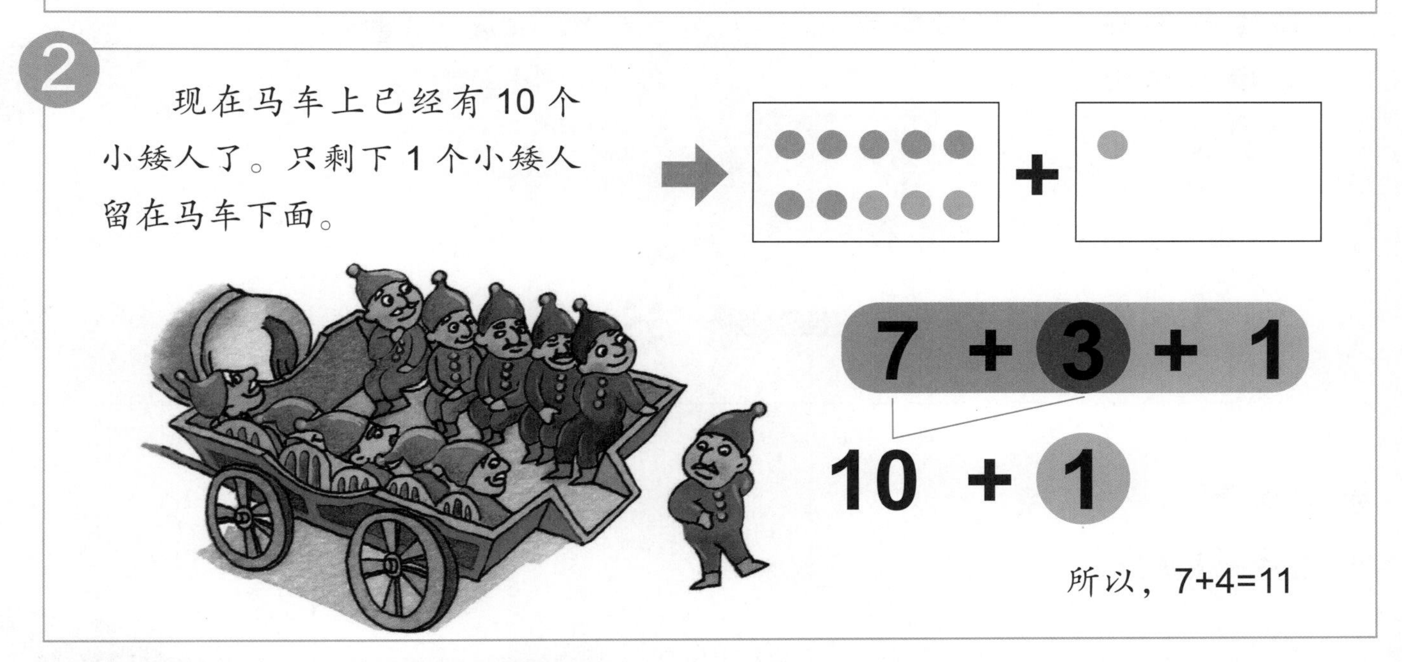

2

现在马车上已经有 10 个小矮人了。只剩下 1 个小矮人留在马车下面。

$7 + 3 + 1$

$10 + 1$

所以，7+4=11

※ 想一想，将 7+4 用数线的计算方法

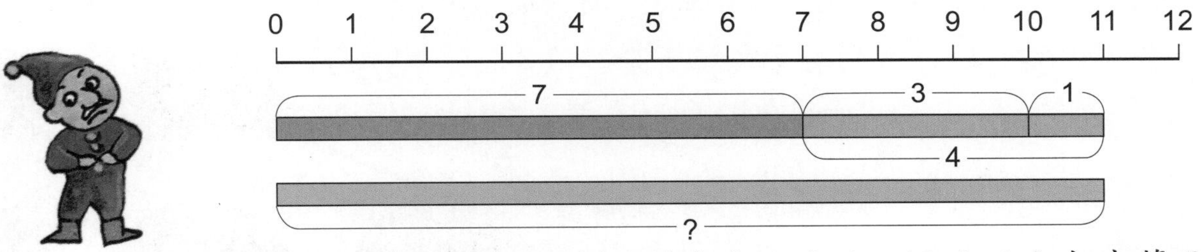

7 再加上 3 等于 10，加数 4 被分成 3 和 1。10 和 1 加起来等于 11。

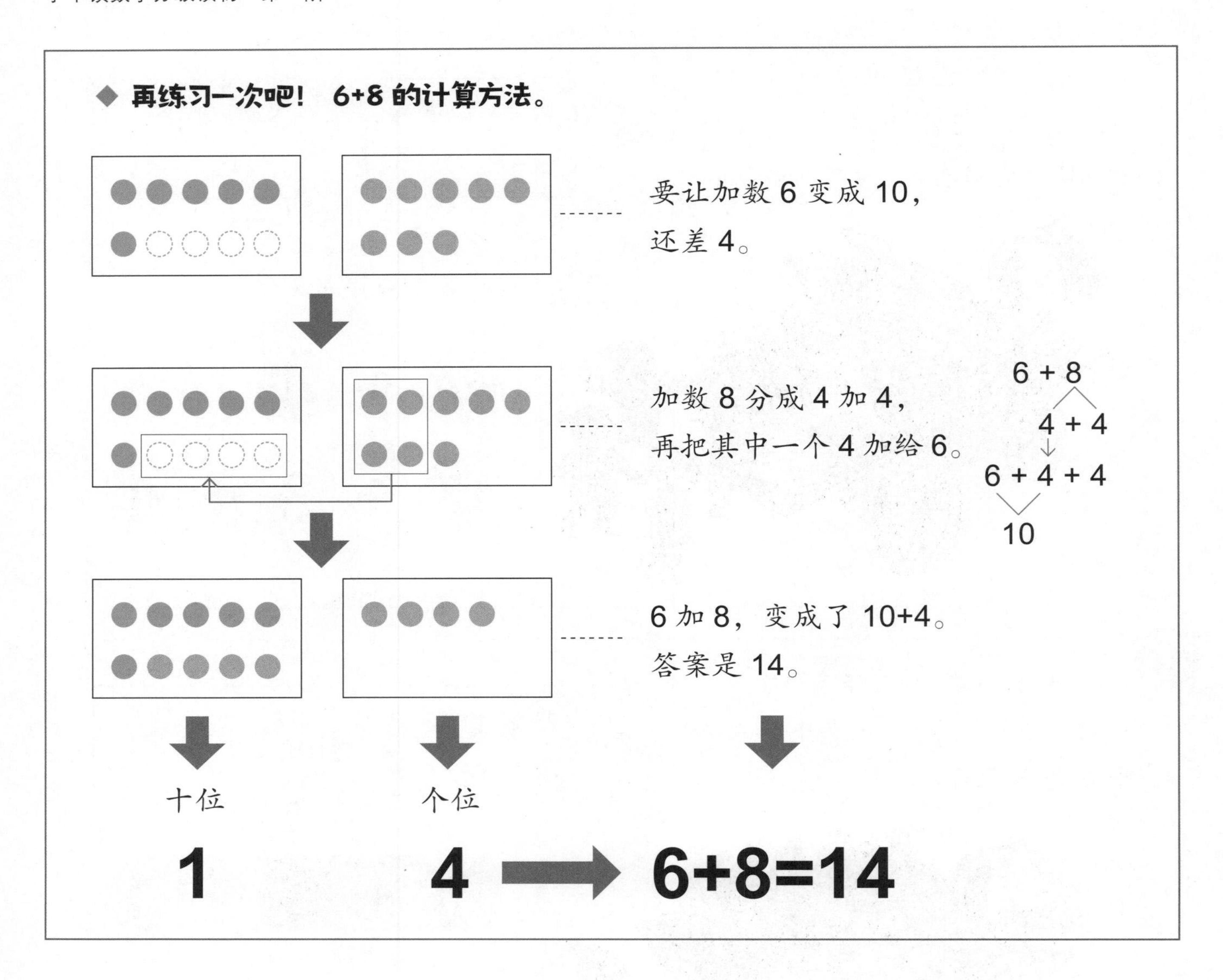

◉ 心算卡

用心算卡加强练习

① 多少加多少等于 10。9+1，8+2，7+3…第一个斜排的算式的 2 个数加起来都是 10。反复练习斜排的算式，一直到能全部记下来。

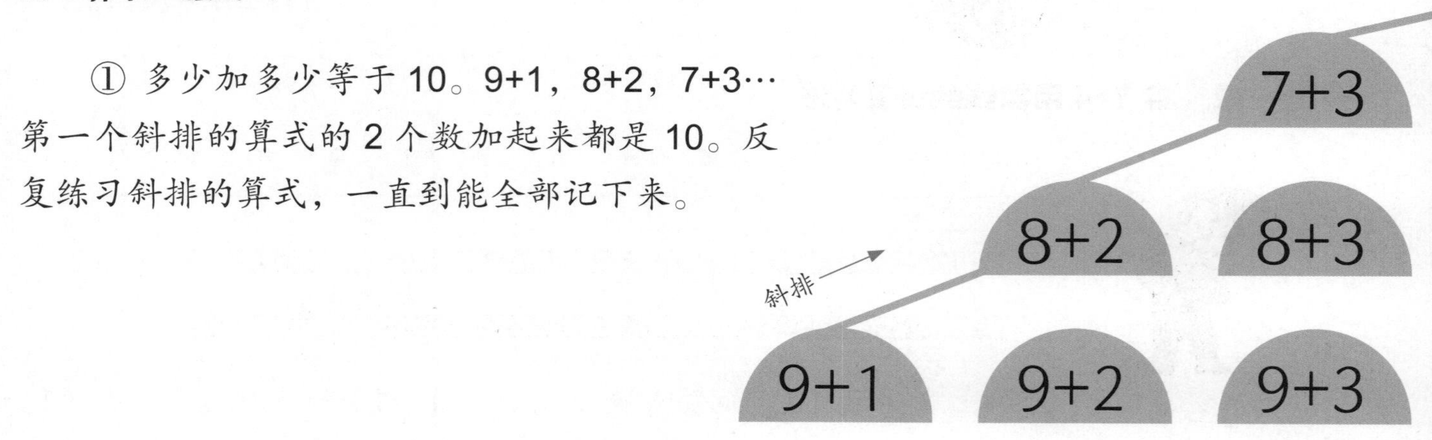

如果能熟记两个数加起来等于 10 的算式，那么和大于 10 的加法就变得非常简单了。

② 9+2 ⟶ 9 + 1 + 1 ，10 + 1 = 11。

6+6 ⟶ 6 + 4 + 2 ，10 + 2 = 12。

将横排的每一个算式都算一算，训练解题速度。

竖排

竖排的第一个加数每个依次增加 1。将竖排的算式加一加，是不是每一个和都依次增加了 1 呢?

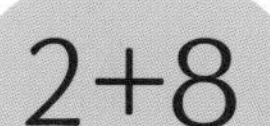

					1+9
				2+8	2+9
			3+7	3+8	3+9
		4+6	4+7	4+8	4+9
	5+5	5+6	5+7	5+8	5+9
6+4	6+5	6+6	6+7	6+8	6+9
7+4	7+5	7+6	7+7	7+8	7+9
8+4	8+5	8+6	8+7	8+8	8+9
9+4	9+5	9+6	9+7	9+8	9+9

退位减法

减一减，减数个位上的数比被减数个位上的数大，怎么办呢？

该如何计算 12－4？

12 由一个 10 和一个 2 组成。2 不够减 4，必须从 10 借，才够减 4。那么，10 减 4 剩 6，6 再与 2 相加，就可以得出答案了。

森林里有 12 只大猩猩，2 位猎人带了一个笼子来捕捉，而这个笼子只能装下 4 只大猩猩，那么，几只大猩猩逃走了呢？

1

10−4 等于 6。
10 只大猩猩中 6 只
大猩猩逃走了。

2

原来的 2 只大猩猩先
逃走了哦！

6 只大猩猩加上原来的 2 只大猩猩，
一共有 8 只大猩猩逃走了。所以，

12−4=8

◆ **用数字卡片计算 12−4。**

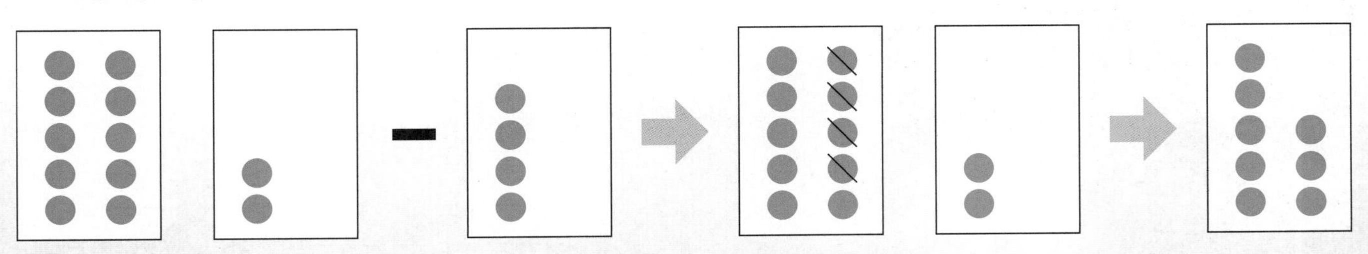

用数字卡片计算，答案也是：

12−4=8

引爆数学力

通过反复的计算练习，可以加深理解减法的基本原理。将一个数拆分成两个数，将两个数合并成一个数，是数学的基本思维方法。

◉ 13-4 的计算方法

这次，让我们用另外一种方法想一想、算一算。

船上原来有 13 辆汽车，其中有 4 辆汽车下了船，请问，现在船上还有几辆汽车？

②船上还有 10 辆汽车，继续减 1。

①我知道，先将甲板上的 3 辆汽车放下来。

个位数 3 不够减 4，将减数 4 拆分成 3 和 1，用

$13-3-1$

算一算。

● **换成数字卡计算**

原来船上的汽车（被减数）

下船的汽车（减数）

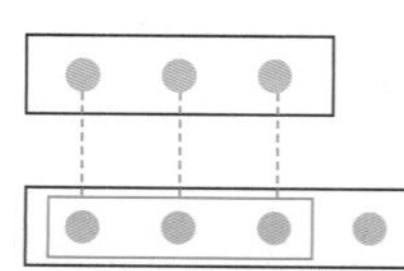

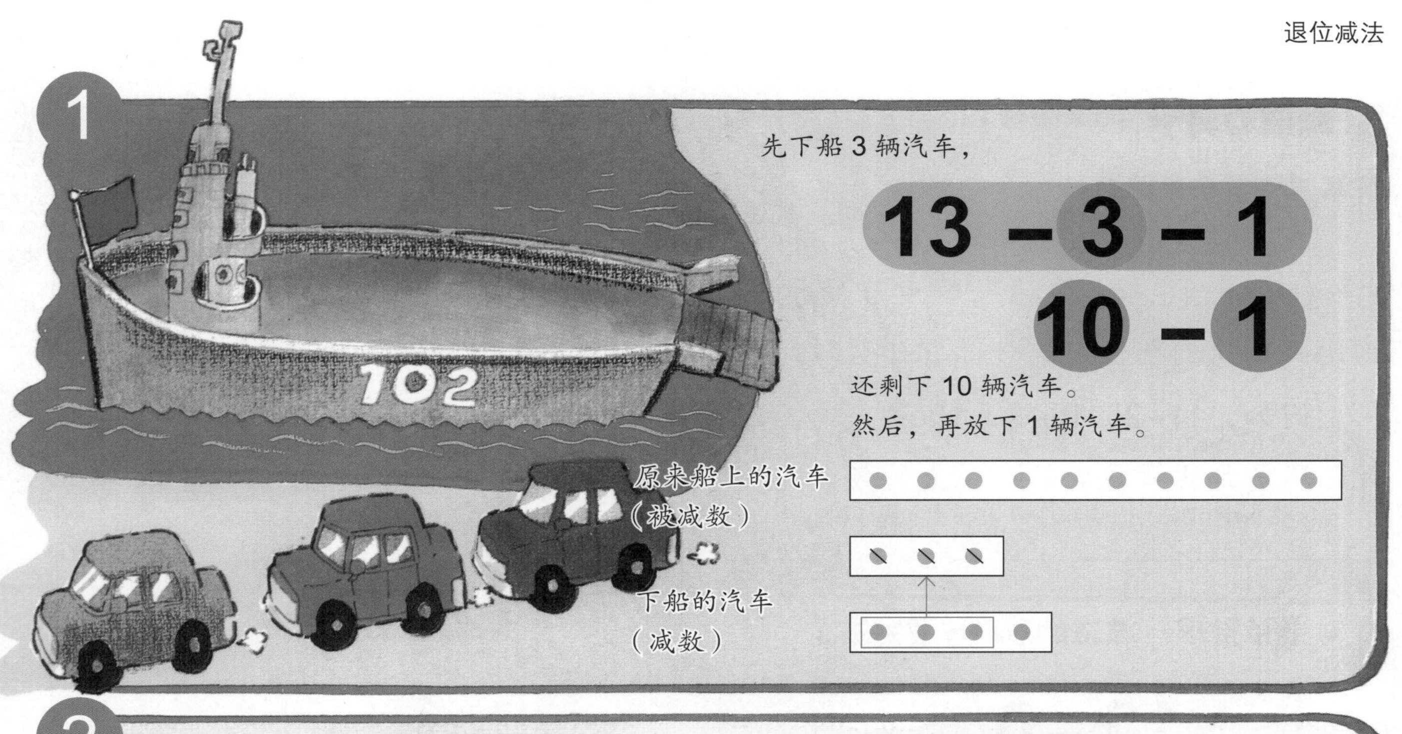

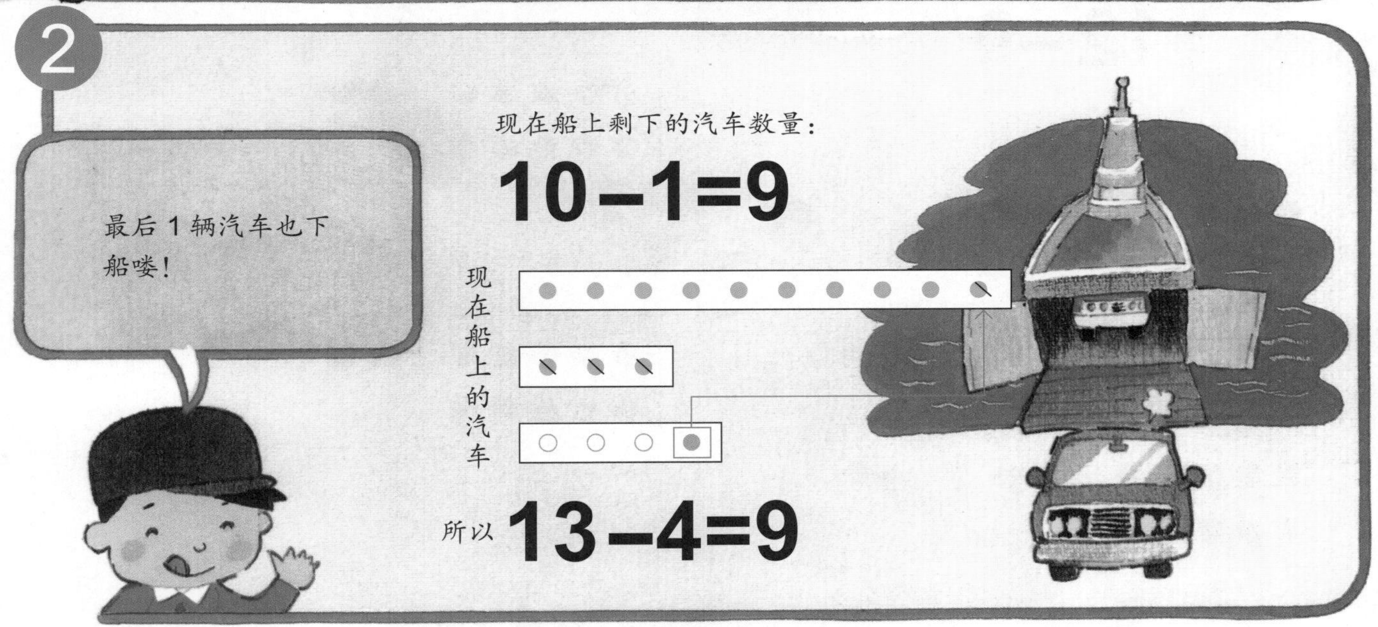

◆ **计算 13-4，改用前面大猩猩“用 10 减去”的计算方法再试一试。**

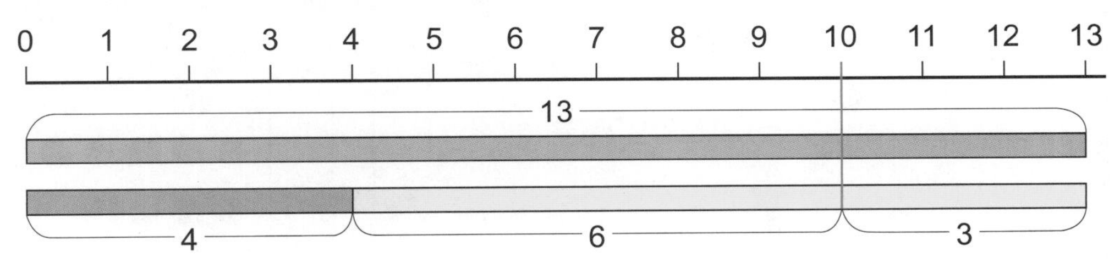

10 减 4 剩下 6，6 和原来剩下的 3 相加等于 9。所以，

$$13-4=9$$

◉ 减法心算卡

用减法心算卡来练习。

11−1　11−2　11−3

12−2　12−3

13−3

①找一找，计算结果等于9的卡片有哪些？再比一比它们个位上的数，有什么不同？

例如，11−2、12−3、13−4，减数的个位上的数是不是都比被减数的个位上的数大1？

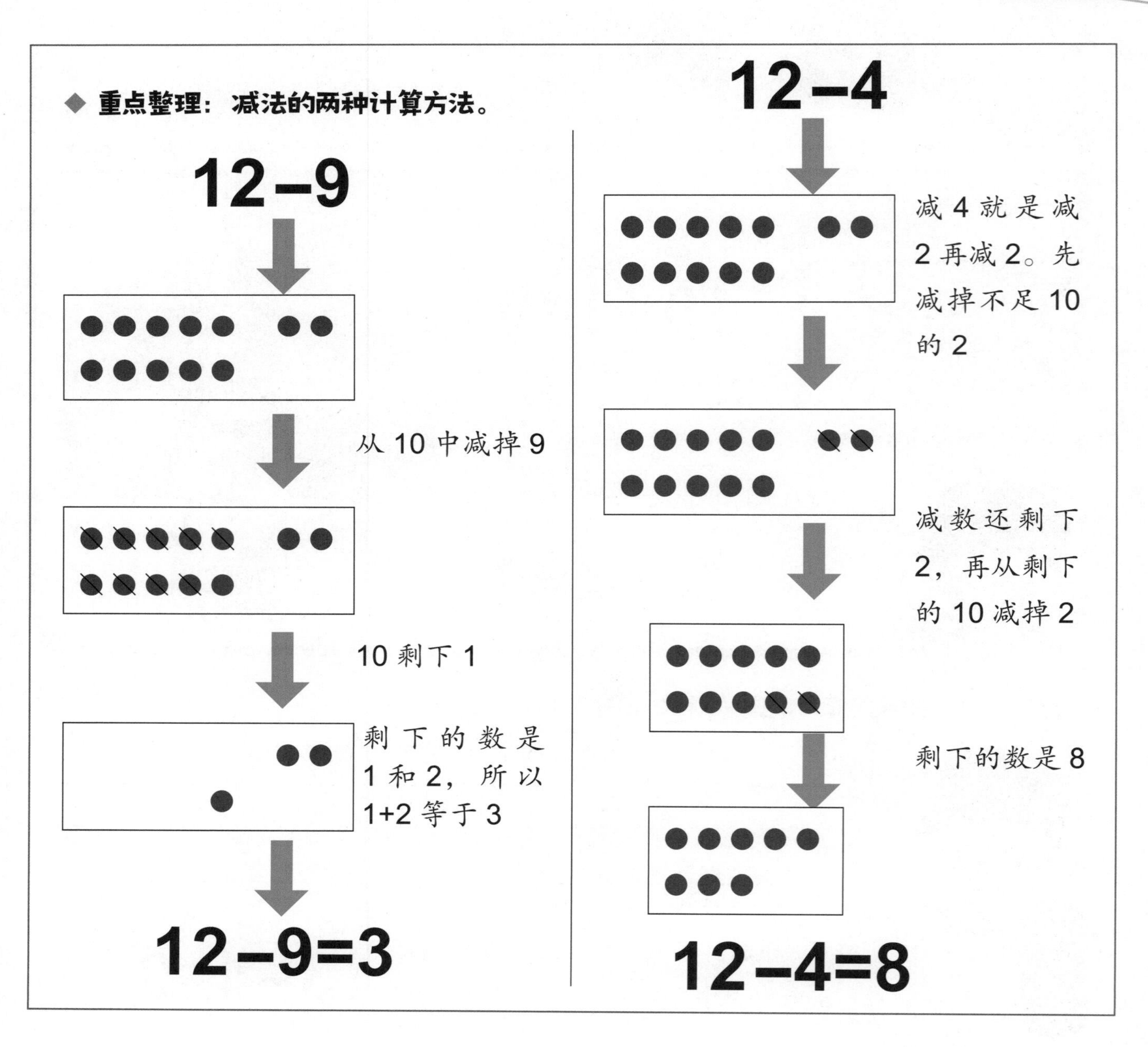

11−4	11−5	11−6	11−7	11−8	11−9
12−4	12−5	12−6	12−7	12−8	12−9
13−4	13−5	13−6	13−7	13−8	13−9
14−4	14−5	14−6	14−7	14−8	14−9
	15−5	15−6	15−7	15−8	15−9
		16−6	16−7	16−8	16−9
			17−7	17−8	17−9
				18−8	18−9
					19−9

② 减一减，计算结果等于8的卡片有哪些？它们个位上的数又有什么不同呢？

例如，11−3、12−4、13−5，减数的个位上的数都比被减数的个位上的数大2。

③ 找一找，计算结果等于7、6、5、4、3的卡片有哪些？比一比，它们的个位上的数有什么不同？

0 的加法和减法

小萌家的园子里有 1 棵柿子树和 1 棵苹果树。3 只乌鸦飞过来，它们想要吃树上的柿子和苹果。

◆ **看图学 0 的加法和减法。**

1

先数数原来柿子和苹果的数量。再看看乌鸦吃掉的柿子和苹果一共有几个。

$0 + 4 = 4$

一会儿，又飞来 2 只乌鸦，现在，被乌鸦吃掉的柿子和苹果一共有多少个？

$$0 + 0 = 0$$

过了不久，又飞来 2 只乌鸦。数一数，柿子树上的柿子还剩多少个？

$$3 - 0 = 3$$

又过了一小会儿，乌鸦把柿子树上的柿子全都吃光了。数一数，柿子树上还剩多少个柿子呢？

$$3 - 3 = 0$$

又有乌鸦飞过来了。但是，柿子树上一个柿子也没有了，所以，乌鸦什么也没吃到。

把算式写出来就是：

$$0 - 0 = 0$$

分一分

这里有 12 颗糖果，按照“每份都一样多”的分法分一分，这就叫“平均分”。

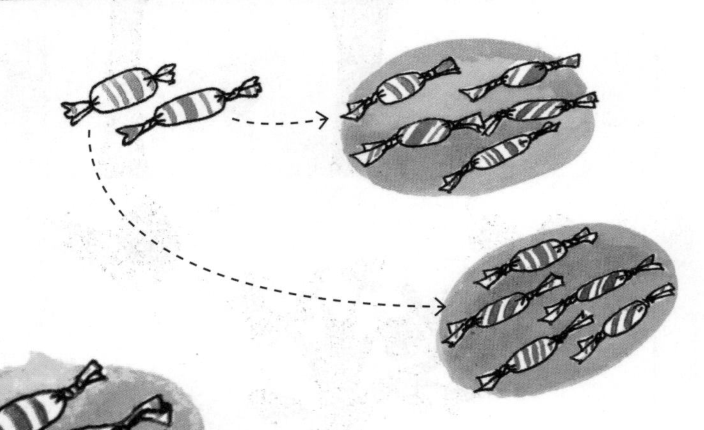

① 平均分给 2 个人。先 5 颗、5 颗地各分一堆，再将剩下的 2 颗各分 1 颗到那两堆里。

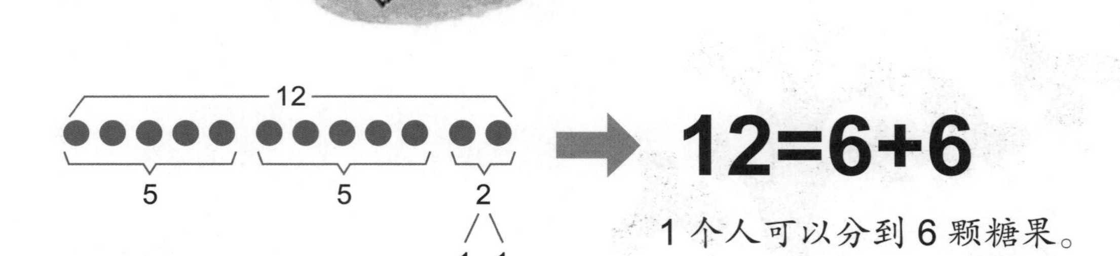

1 个人可以分到 6 颗糖果。

② 平均分给 3 个人。

1 个人可以分到 4 颗糖果。

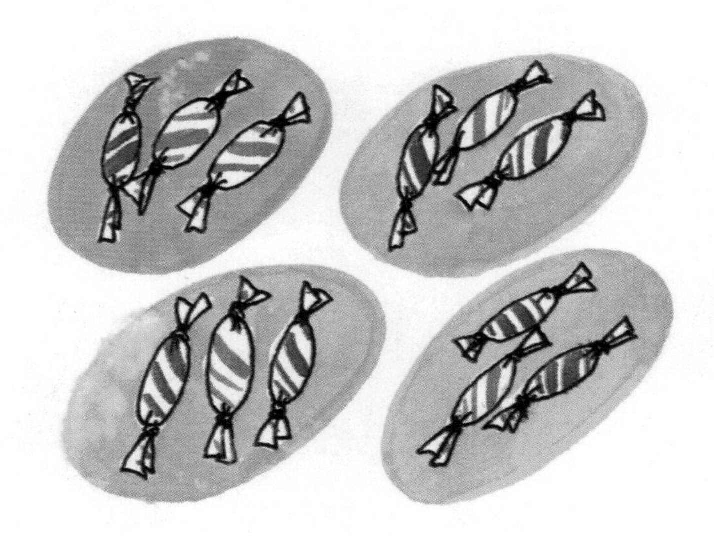

③ 将 12 颗糖果平均分成 4 堆，每堆各有多少颗糖果？

12= □ + □ + □ + □

◆ **按“平均分”填一填。**

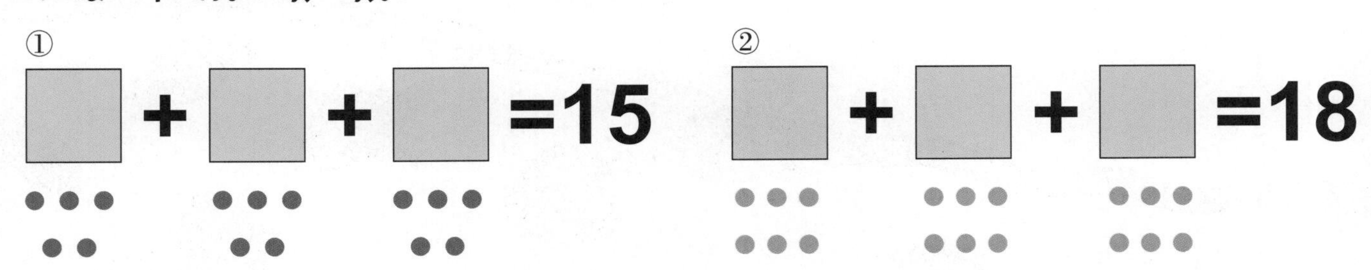

引爆数学力

平均数的大小与一组数中的每个数都有关系，其中任何一个数的变化都会引起平均数的变化。

巩固与拓展

试一试，来做题。

1. 算一算，有多少？

（1）池塘里有好多条鱼，把硬币一个一个地放在鱼的身上。每 10 枚硬币为 1 组，最后 1 组的硬币不够 10 枚。圈一圈，算一算，池塘里一共有多少条鱼？

□ 条

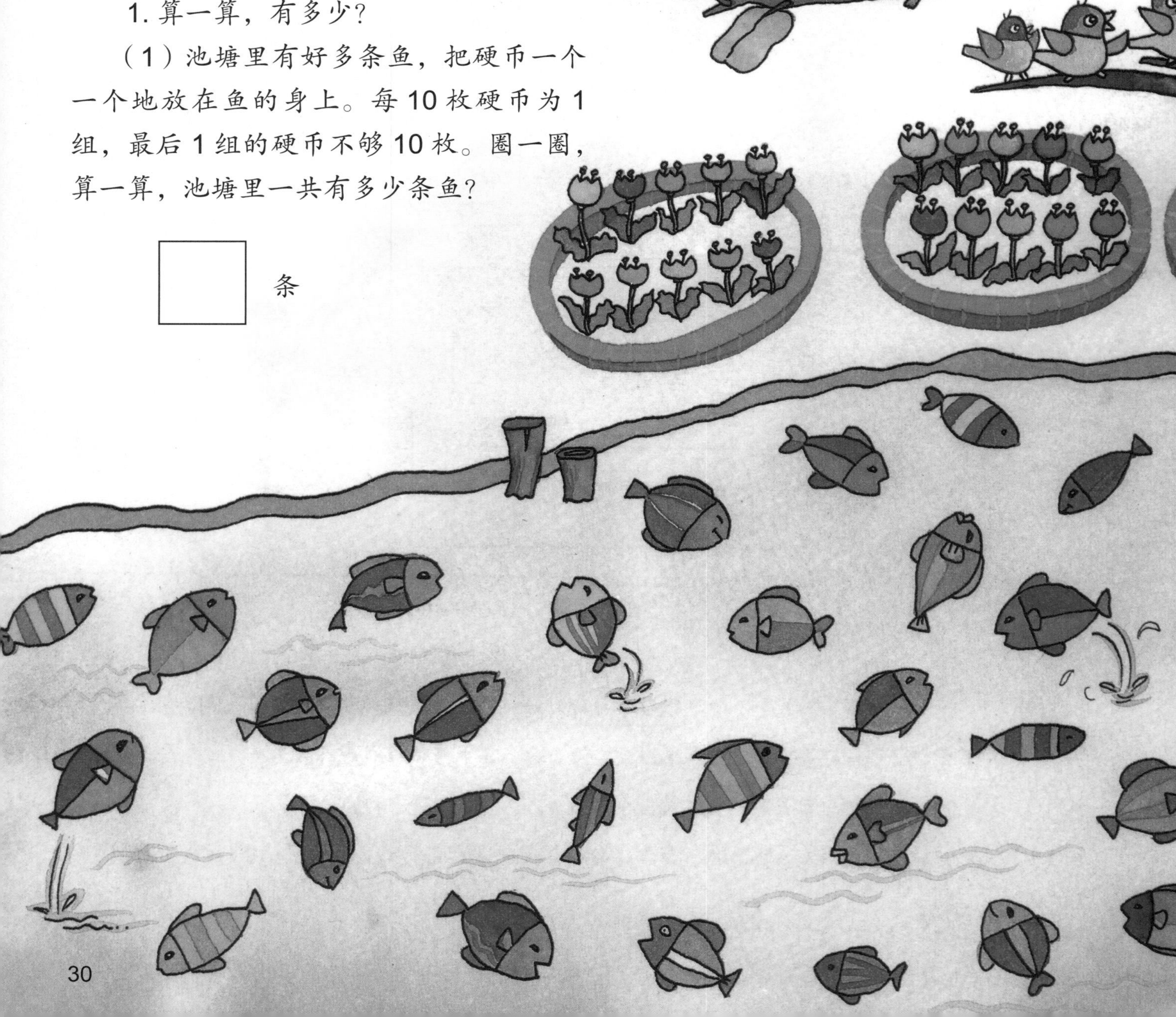

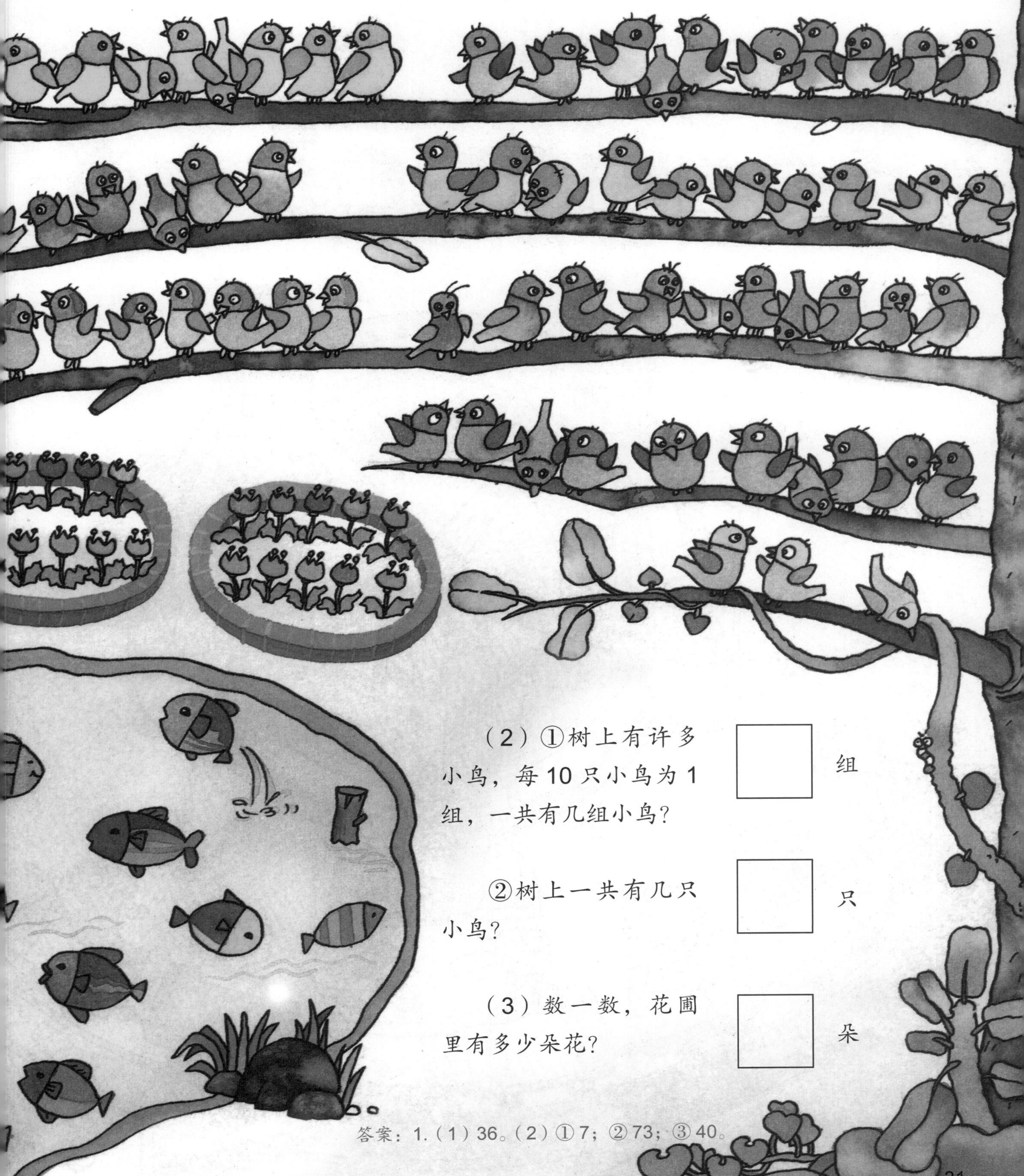

（2）①树上有许多小鸟，每10只小鸟为1组，一共有几组小鸟？ □ 组

②树上一共有几只小鸟？ □ 只

（3）数一数，花圃里有多少朵花？ □ 朵

答案：1.（1）36。（2）①7；②73；③40。

2. 填一填，□里的数是什么？

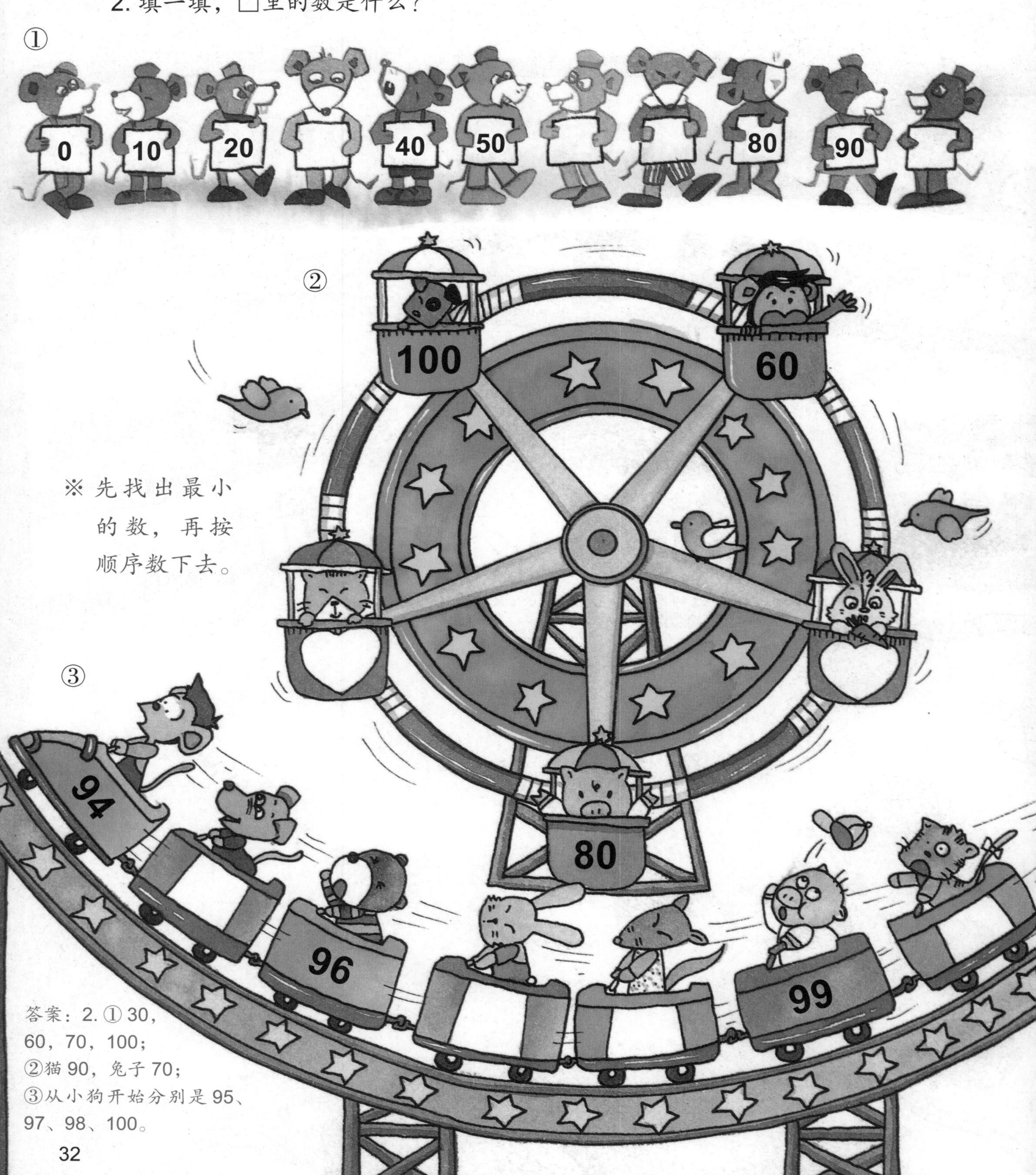

答案：2. ① 30，60，70，100；②猫 90，兔子 70；③从小狗开始分别是 95、97、98、100。

3. 最后有多少？

①加起来一共有多少位好朋友？

3 位小朋友在玩球。

来了 2 位小朋友。

又来了 1 位小朋友。

一共有多少位小朋友？

②还剩下多少只乌龟？

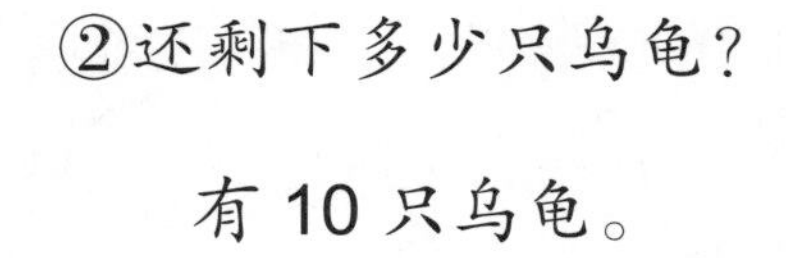

有 10 只乌龟。

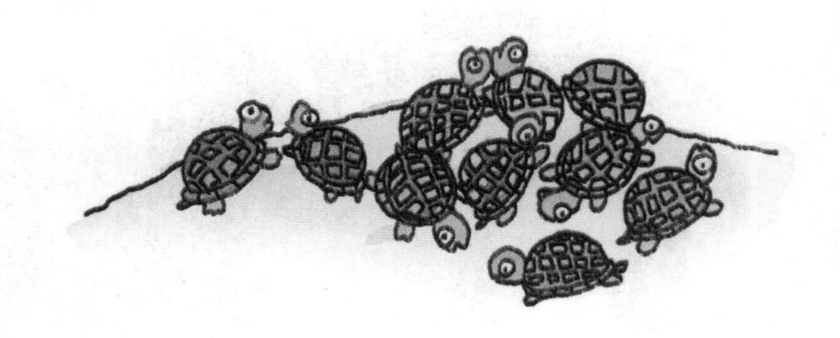

先走了 3 只乌龟。

又走了 4 只乌龟。

地毯上还剩下多少只乌龟？

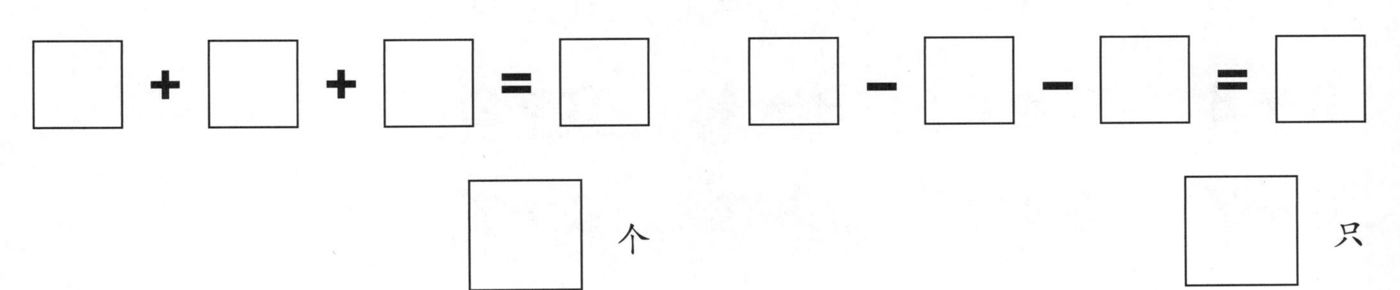

□ + □ + □ = □　　□ − □ − □ = □

□ 个　　□ 只

答案：3. ① 3+2+1=6，一共有 6 位小朋友；② 10−3−4=3，还剩下 3 只乌龟。

4. 小英家在卖水果。试着回答下面的问题吧！

①小强的妈妈到小英家买苹果，买了 7 个绿色的苹果，又买了 5 个红色的苹果。请问，小强的妈妈一共买了多少个苹果？

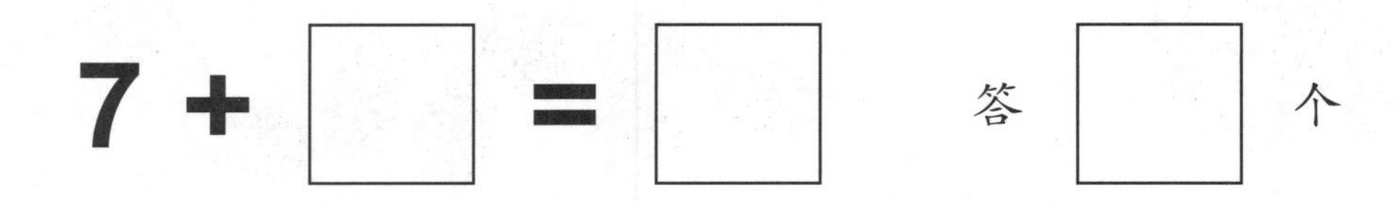

7 + □ = □　答 □ 个

5. 在计算结果等于是 13 的心算卡上画“○”。

在计算结果等于 14 的心算卡上画“△”。

在计算结果等于 15 的心算卡上画“×”。

5 + 9	6 + 9	8 + 6	7 + 9
7 + 6	9 + 9	7 + 8	8 + 5
8 + 8	9 + 8	9 + 4	9 + 2
8 + 7	3 + 9	7 + 7	6 + 7

答案：4. ① 7+5=12，12（个）；② 8+6=14，14（个）。

5. ○ 7+6，8+5，9+4，6+7；△ 5+9，8+6，7+7；× 6+9，7+8，8+7。

②小英也在帮忙卖水果。她卖了 1 篮 8 个橘子和 1 袋 6 个橘子。请问，小英一共卖了多少个橘子？

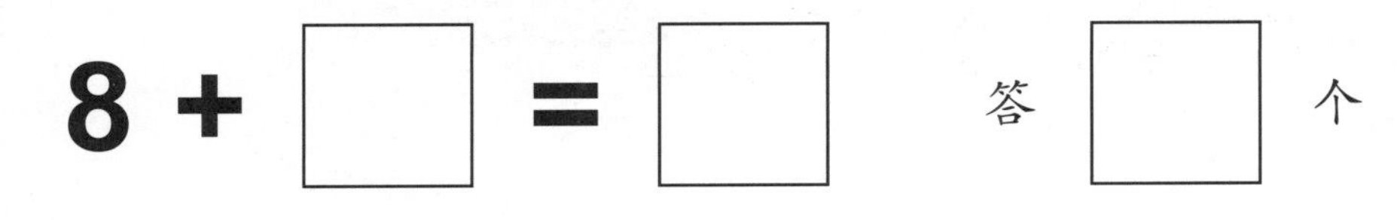

6. 把图中这些蛋糕和彩色纸平均分给 3 位小朋友，每位小朋友可以分到多少块蛋糕和多少张彩色纸？

□ 块

□ 张

答案：6. ① 3 块；② 2 张。

7. 13 个海盗一起出发去寻宝。

岛上一共有 8 个椰子，如果每个海盗拿 1 个椰子，还少几个椰子？

□ − □

个位上的 3 不够减 8。把 13 拆分成 10 和 3。10 减 8 等于 2。2 加剩下的 3

等于 □ 个

□ − □ = □

答案：7. 13−8；5（个）；13−8=5。

海盗们找到了鹦鹉，鹦鹉知道宝藏在哪里。

算一算鹦鹉身上的题目，再按照下图在鹦鹉身上涂上不同的颜色。

数字	颜色
3	棕色
5	红色
7	黄色
9	蓝色
11	绿色
15	粉色
16	橘色

解题训练

■ 加 10、减 10 的练习

1

比 65 大 10 的数是多少？

比 65 小 10 的数是多少？

◀ 提示 ▶

65 等于 6 个 10 加上 5 个 1。

解法：在数线上找出 65，往右边数 10 个格，就是比 65 大 10 的数。往左边数 10 个格，就是比 65 小 10 的数。

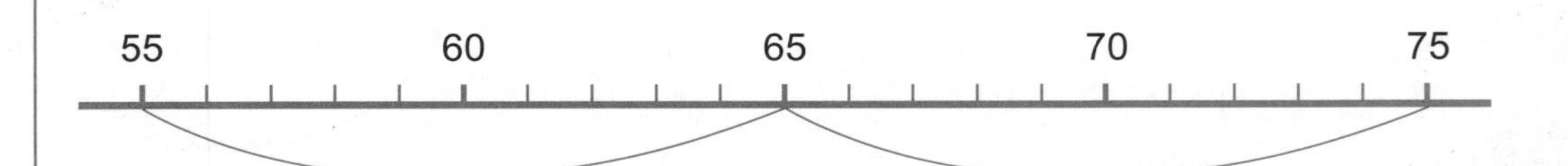

答：比 65 大的数是 75；比 65 小的数是 55。

■ 二次计算练习

2

昨天采了 12 个栗子，吃掉 4 个栗子，还剩下多少个栗子？今天又采了 6 个栗子，现在一共有多少个栗子？

◀ 提示 ▶

注意有两个问题哦。昨天剩下的栗子数是 12–4。再加上今天采的 6 个栗子，就是现在所有的栗子数。

解法：把昨天采的 12 个栗子减去吃掉的 4 个栗子，剩下数的再加上今天采到的 6 个栗子，就可以得到答案。

吃掉的 4 个栗子　　昨天采的 12 个栗子　　今天采的 6 个栗子

12–4=8　　8+6=14

答：还剩下 8 个栗子，现在一共 14 个栗子。

■ 比较数的大小

3

采草莓比赛。

小明采了 40 颗草莓，小英采了 48 颗草莓。

小明和小英谁采的草莓多？多几颗？

◀ 提示 ▶
48 等于 40 加 8。

解法：用较大的数减去较小的数。

48–40=8

答：小英采的多，多 8 颗。

■ 把蛋糕块数换算成小朋友的人数

3

一共有 16 块蛋糕，每位小朋友各拿 1 块蛋糕，还剩 7 块蛋糕。算一算，一共有几位小朋友？

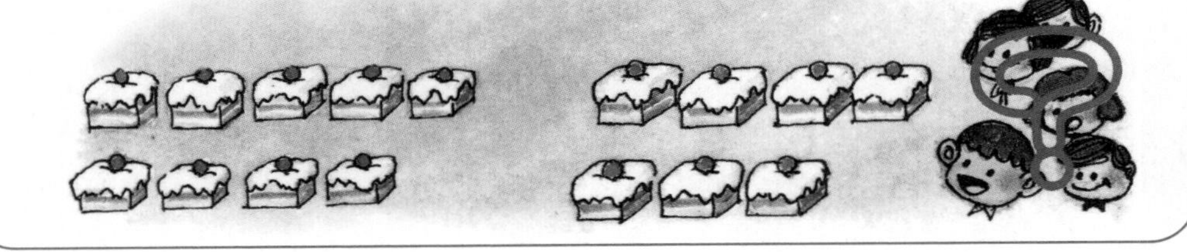

◀ 提示 ▶
16 块蛋糕可分给 16 位小朋友。剩下的 7 块蛋糕可分给 7 位小朋友。

解法：拿掉的蛋糕块数和小朋友的人数一样多。

蛋糕块数 ■ ■ ■ ■ ■ ■ ■ ■ ■ ■ ■ ■ ■ ■ ■ ■

小朋友人数 ● ● ● ● ● ● ● ● ●

剩下 7 块蛋糕

16–7=9　答：一共有 9 位小朋友。

加强练习

1. 小华排在队伍的第 7 个，小华的后面有 8 人，整排队伍一共有多少人？

算式 [　　　　　　　　　　]　　答 □ 人

2. 4 位小朋友比赛捡弹珠，谁捡的弹珠最多？按照捡弹珠最多到最少的次序把人名写在答案栏内。

小明	小华	小英	小玉
80	84	78	69

答案栏

1	
2	
3	
4	

解答和说明

1. 小华排在队伍的第 7 个，从第 1 位小朋友开始数到小华共有 7 人。小华后面还有 8 人，7 加 8 就是全部的人数。

7+8=15　答：整排队伍一共有 15 人。

3. 公共汽车里有 17 位乘客，到车站时有 7 位乘客下车，5 位乘客人上车。

请问，公共汽车里现在一共有多少位乘客？

算式［　　　　　　］　答 □ 人

4. 小英和小华一起去摘橘子。
小英摘了 12 个橘子。
小英比小华多摘 3 个橘子。
请问，小华摘了几个橘子？

算式［　　　　　　］　答 □ 个

2. 两位数比大小，十位上的数比较大的数就是较大的数；如果十位上的数相同，个位上的数比较大的数就是比较大的数。

答：小华，小明，小英，小玉。

3. 17−7+5=15　答：15（人）。

4. 读题知道：小华比小英少摘 3 个橘子。

12−3=9　答：小华摘了 9 个橘子。

步印童书馆

步印童书馆 编著

北京市数学特级教师 丁益祥
北京市数学特级教师 司梁
『卢说数学』主理人 卢声怡
联袂力荐

数学分级读物

第一阶 4 比较 时间 图形

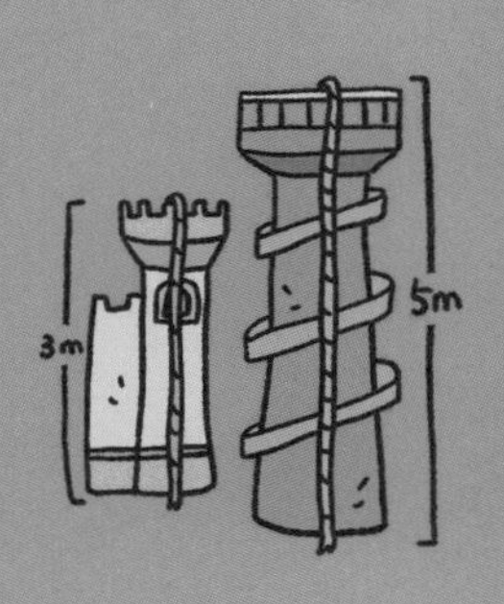

中国儿童的数学分级读物
培养有创造力的数学思维

讲透原理 → 系统进阶 → 思维转换

電子工業出版社
Publishing House of Electronics Industry
北京·BEIJING

图书在版编目（CIP）数据

小牛顿数学分级读物. 第一阶. 4, 比较 时间 图形 / 步印童书馆编著. -- 北京 : 电子工业出版社, 2024.6

ISBN 978-7-121-47626-6

Ⅰ. ①小… Ⅱ. ①步… Ⅲ. ①数学 - 少儿读物 Ⅳ. ①O1-49

中国国家版本馆CIP数据核字(2024)第068395号

特别鸣谢本书组稿策划人郑利强先生。

责任编辑：赵 妍 季 萌
印 刷：当纳利（广东）印务有限公司
装 订：当纳利（广东）印务有限公司
出版发行：电子工业出版社
北京市海淀区万寿路173信箱 邮编：100036
开 本：889×1194 1/16 印张：10.75 字数：218.4千字
版 次：2024年6月第1版
印 次：2024年6月第1次印刷
定 价：80.00元（全4册）

凡所购买电子工业出版社图书有缺损问题，请向购买书店调换。若书店售缺，请与本社发行部联系，联系及邮购电话：（010）88254888，88258888。

质量投诉请发邮件至zlts@phei.com.cn，盗版侵权举报请发邮件至dbqq@phei.com.cn。

本书咨询联系方式：（010）88254161转1860，jimeng@phei.com.cn。

目录

比一比

比一比长度

游乐园里有各式各样的东西。请边看图，边比较它们的长度。

◉ 比较长度的说法

◆ 比较的时候，要采用怎样的说法呢？

※ 游乐园里有两根旗杆。我们可以说："红色旗的旗杆比绿色旗的旗杆长"或"绿色旗的旗杆比红色旗的旗杆短"。

※ 请记住用于比较长度的说法。

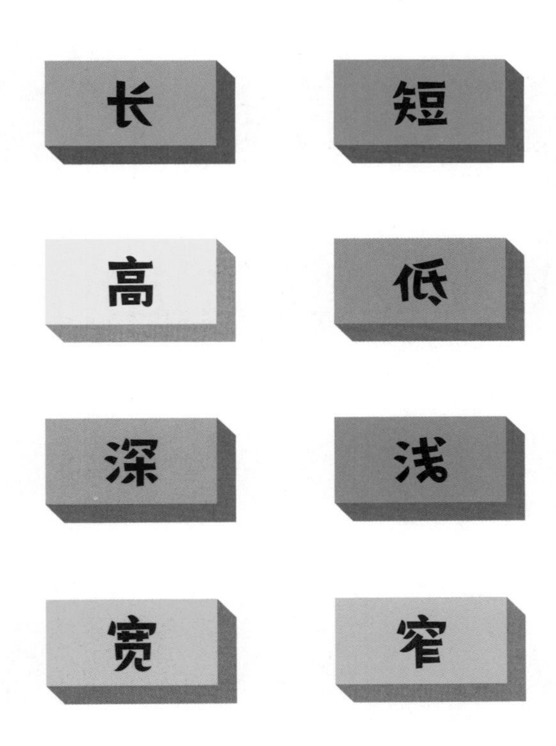

引爆数学力

将插图中的人物"每两样比一比"。请注意：比较的时候，较长或较宽的东西很容易被说成较大。可以试一试这样说：○比△长，△比○短，务必要养成正确说法的习惯。先比较两种东西，然后再加一种，在三种东西中比较哪种东西最长。

◉ 比高度

◆ 比较的时候，应该注意什么呢？

◆ 让两头大象站在一样的高度上，再比一比。

※ 身高也是一种长度。

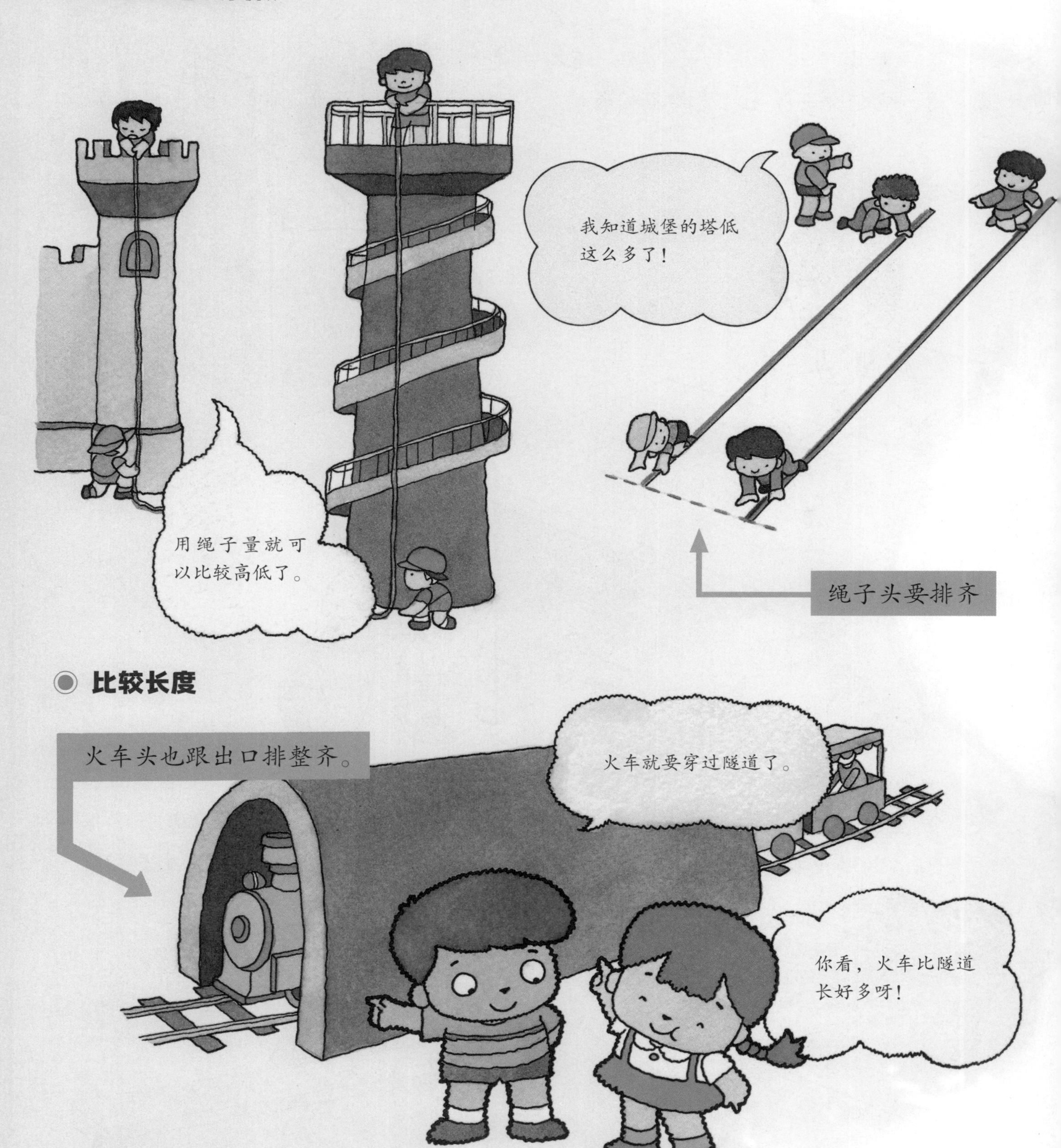
比较二者的高低
用绳子量就可
以比较高低了。
我知道城堡的塔低
这么多了！
绳子头要排齐
比较长度
火车头也跟出口排整齐。
火车就要穿过隧道了。
你看，火车比隧道
长好多呀！

拿身边的东西比一比

量一量桌子和书柜的长、宽，还有高度。看一看，它们分别等于几支铅笔的长度。

桌子的长度等于几张明信片的宽度呢？

◆ 卷尺上有刻度，可以量一量。
明信片的宽度刚好等于卷尺上的一个刻度。

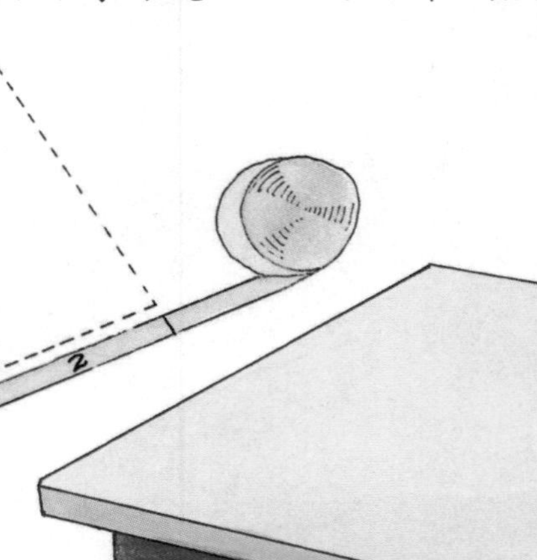

◆ 哪一支铅笔最长呢?

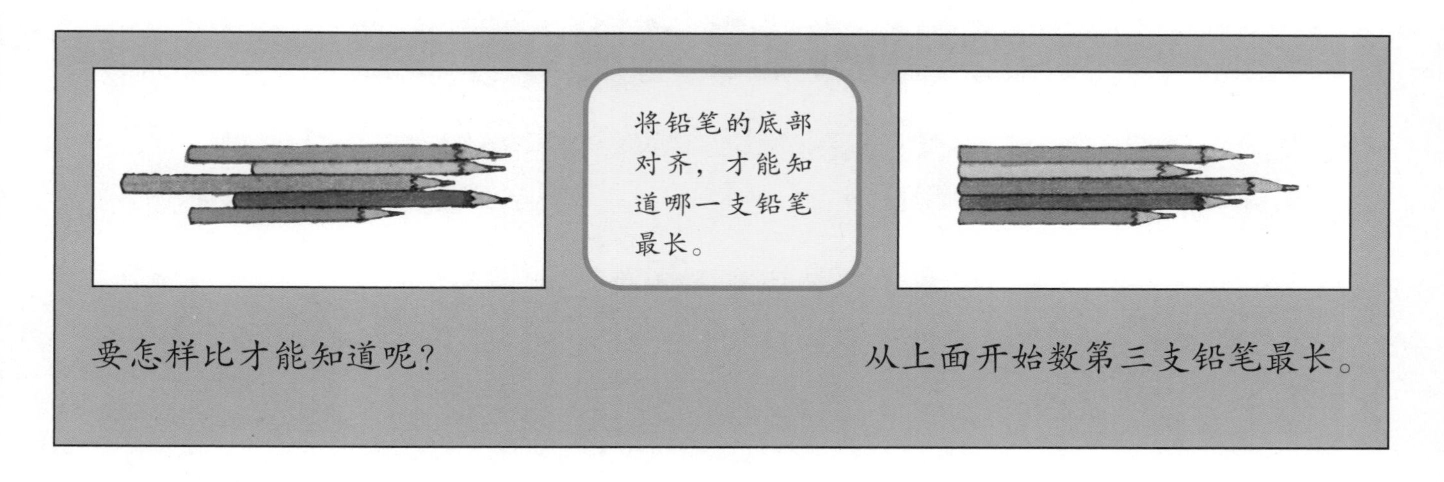

◆ 哪一条带子比较长?

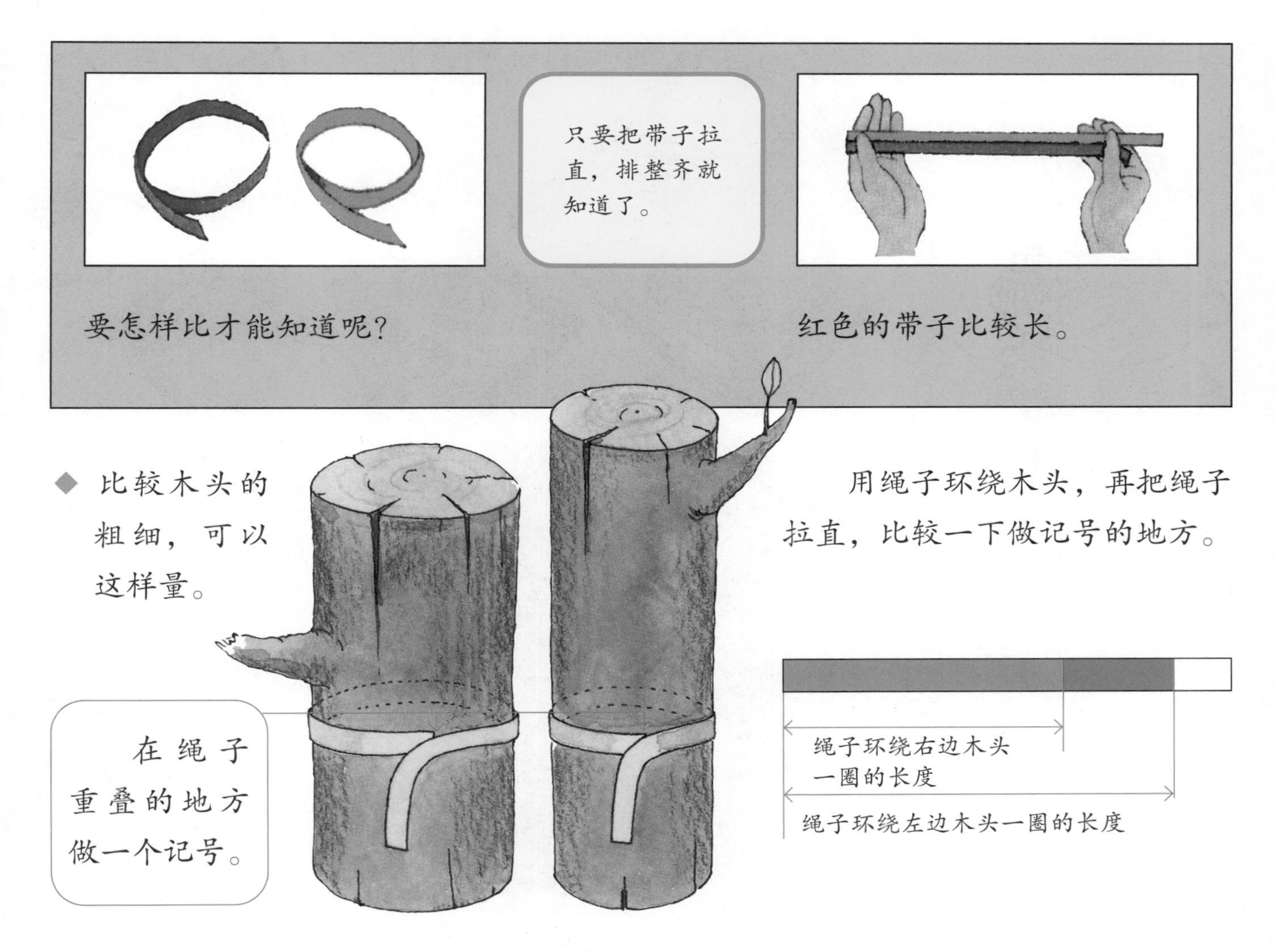

◆ 比较木头的粗细，可以这样量。

用绳子环绕木头，再把绳子拉直，比较一下做记号的地方。

面积的比较方法

比较面积

笑面王、怒面王、雷霆王是三位非常喜欢比较的国王，他们分别建造了新的公园，并且相互比较谁的公园面积最大。

◆ 我们先分别做一个跟公园占地形状一样的模型，然后再重叠起来做比较。

将笑面王的公园模型与怒面王的公园模型重叠的话……

然后，把雷霆王的公园模型重叠上去看一看。

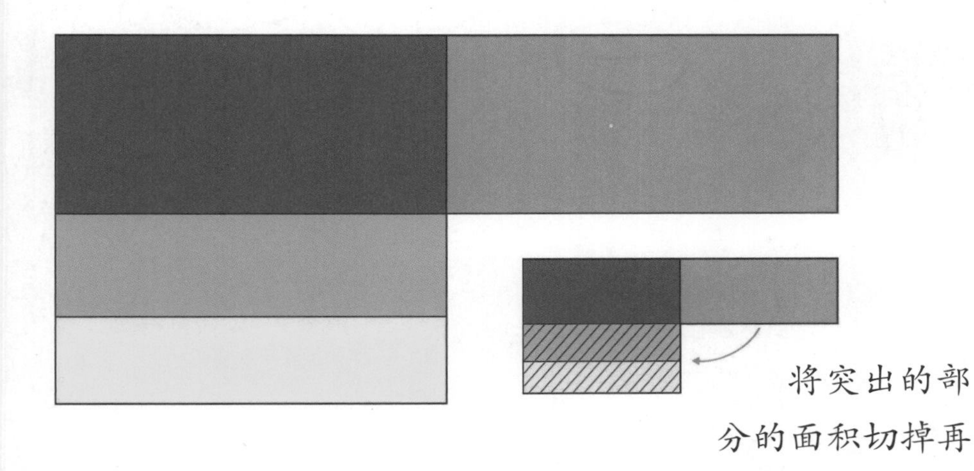

将突出的部分的面积切掉再重叠。

引爆数学力

只要将物体重叠，就能比较物体的长短，比较物体的面积也可以用同样的方法。

容器的容积

容积的测量方法和比较方法

牛奶店的牛伯伯专门卖牛奶。

比较方法

✳ 测量长度的时候，

①底部对齐，重叠。

②用固定的长度作为基本单位，量一量，再看一看量了几次。

✳ 比较容积的时候，或许也可以找一个容器当作基本单位。

拿杯子来量一量。

我的牛奶果然比狸小弟的少2杯。

用相同的容器来量，就可以知道容器的容积差异了。

我的牛奶比兔宝宝的牛奶多2杯呢!

兔宝宝

狸小弟

由此可以知道，在测量容积的时候，一定要有可以当作基本单位的容器，不然就测量不出来容器的容积差异了。

引爆数学力

比起长度或面积的测量，液体的测量确实较难掌握。当我们用杯子或其他容器测量时，便能明白什么叫测量，以及测量的方法，经由这种方式，可以理解测量的意义。如果以一定量作为基本单位，那么，容器的容量就可替换成几个基本单位的量。

巩固与拓展

试一试，来做题。

1. 星期天，小明全家来动物园玩。

①车站里有 3 列火车。选一选，哪一列火车最长？在（　　）里画“○”。

（　　）

（　　）

（　　）

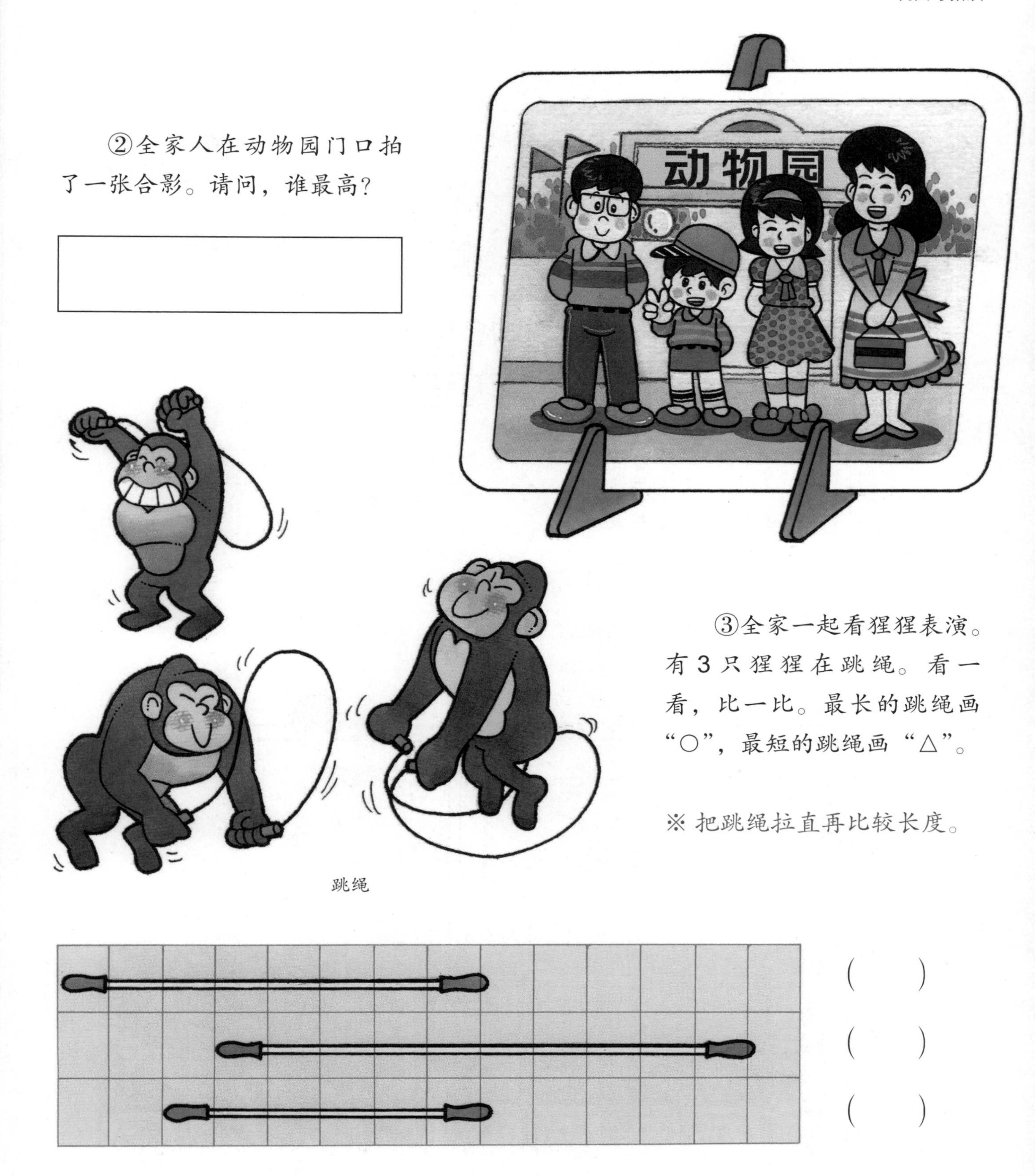

②全家人在动物园门口拍了一张合影。请问，谁最高？

③全家一起看猩猩表演。有 3 只猩猩在跳绳。看一看，比一比。最长的跳绳画“○”，最短的跳绳画“△”。

※ 把跳绳拉直再比较长度。

（　　）

（　　）

（　　）

答案：1. ①最下面的一列火车最长；②妈妈；③○ 中间的跳绳，△最下面的跳绳。

2. 比一比，哪个容器装的水多？

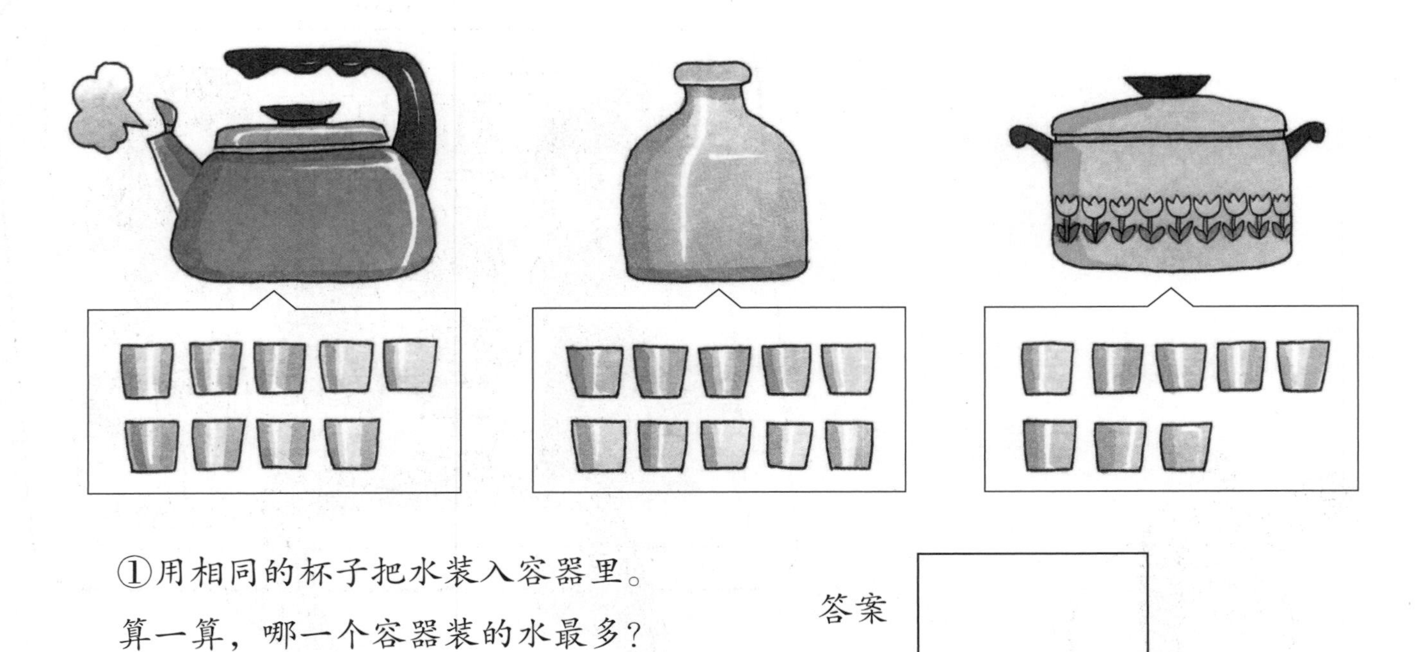

①用相同的杯子把水装入容器里。

算一算，哪一个容器装的水最多？

答案

3. 有两个浴缸，比一比哪个浴缸的容积大。

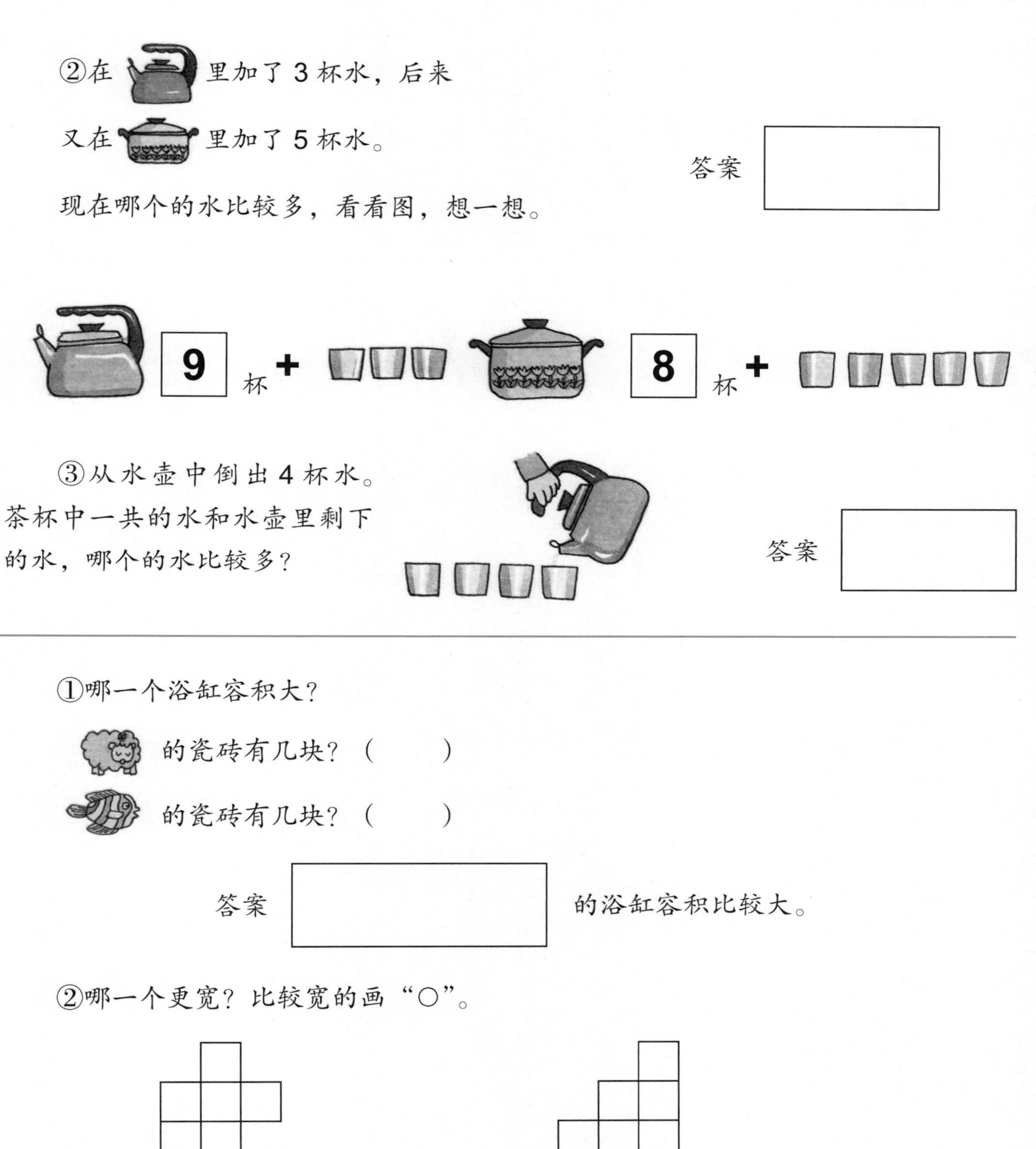

②在水壶里加了 3 杯水，后来

又在锅里加了 5 杯水。

现在哪个的水比较多，看看图，想一想。

答案 [ ]

9 杯 + 3 杯　　8 杯 + 5 杯

③从水壶中倒出 4 杯水。茶杯中一共的水和水壶里剩下的水，哪个的水比较多？

答案 [ ]

---

①哪一个浴缸容积大？

绵羊的瓷砖有几块？（　　）

鱼的瓷砖有几块？（　　）

答案 [ ] 的浴缸容积比较大。

②哪一个更宽？比较宽的画“○”。

（　　）　　（　　）

答案：2. ①瓶子；②锅；③水壶。3. ① 24 块，16 块，贴绵羊瓷砖的浴缸容积大。②右边画“○”。

时钟与
时刻

时钟

几时与几时 30 分

今天要到儿童乐园春游。如果看不懂时钟，就不能跟大家一起出去玩了。你能够看懂时钟吗？

短针刚好指向几时，长针指向 12，就是几时；如果长针指向 6，便是几时 30 分。

◆ 出发的时间是几时？

短针在 9 上，长针在 12 上，刚好是 9 时。

中午前就到了。
大家可以玩到12时。
现在是10时，还可以玩2个小时。
吃午饭的时间。
我要拍照喽！
12时了。
中午了，大家有1个小时吃午饭的时间。
下午1时以后再玩吧！
下午1时。
你们可以玩到下午2时。

比一比，看一看

※ 2时30分也可以说成2点半。

1年级的学生只要能够读出几时或几时半就可以。

● **时钟的读法**

“几时”的读法

当短针刚好指在数字上的时候，只要读出那个数字就可以。

如果短针指在2个数字中间时，要读较小的那个数字。

如果能够读出几分钟，记下来就更好啦！

“几分钟”的读法

每一个大的刻度是5分钟。看一看长针所指的刻度是几分钟。

60分钟=1小时

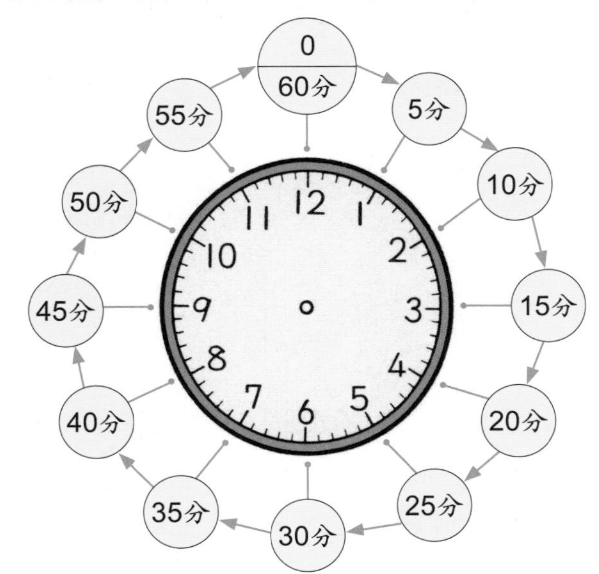

引爆数学力

想一想短针在整时之前还是之后，再注意长针的位置。不过，没有必要强迫自己记住每隔5分钟的读法，我们慢慢来！

巩固与拓展

试一试，来做题。

1. 妈妈的一天。

看看图，按照顺序答一答。

①时钟的长针往哪边转动？A或B？

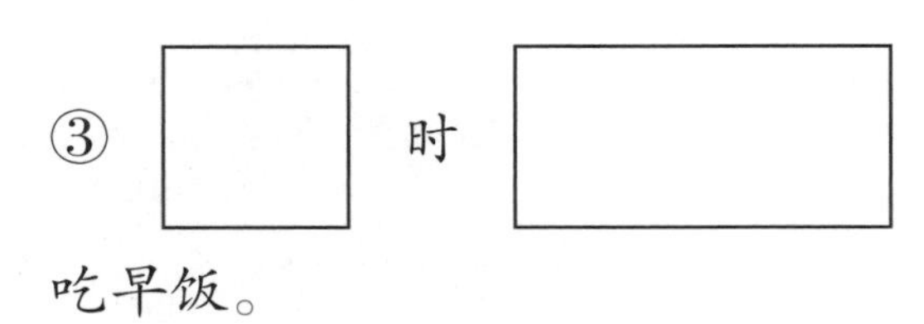

吃早饭。

②在□中填上时间。

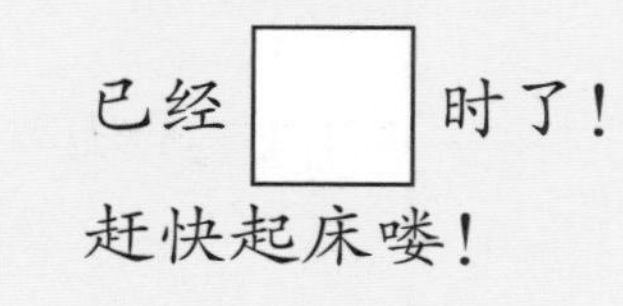

答案：1. ① A；② 7； ③ 7，30 分。

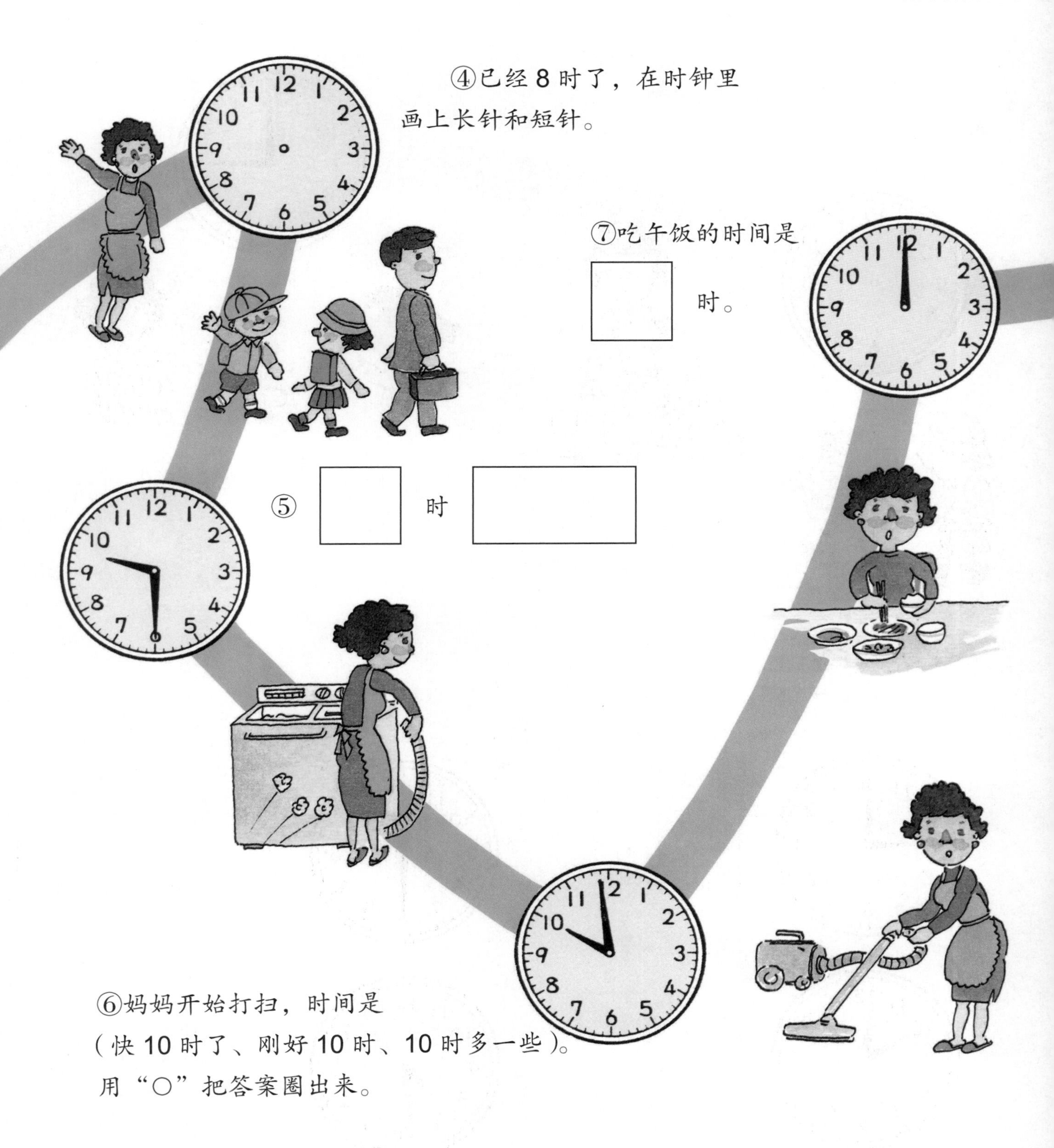

④已经 8 时了，在时钟里画上长针和短针。

⑤ □ 时 □

⑥妈妈开始打扫，时间是（快 10 时了、刚好 10 时、10 时多一些）。用“○”把答案圈出来。

⑦吃午饭的时间是 □ 时。

答案：④（钟面图）；⑤ 9，30 分；⑥快 10 时了；⑦ 12。

⑧ 2 时 30 分了，在时钟里画上长针和短针。

⑨ □ 时。吃点心的时间。

2. 几时了？

在□里填上答案。

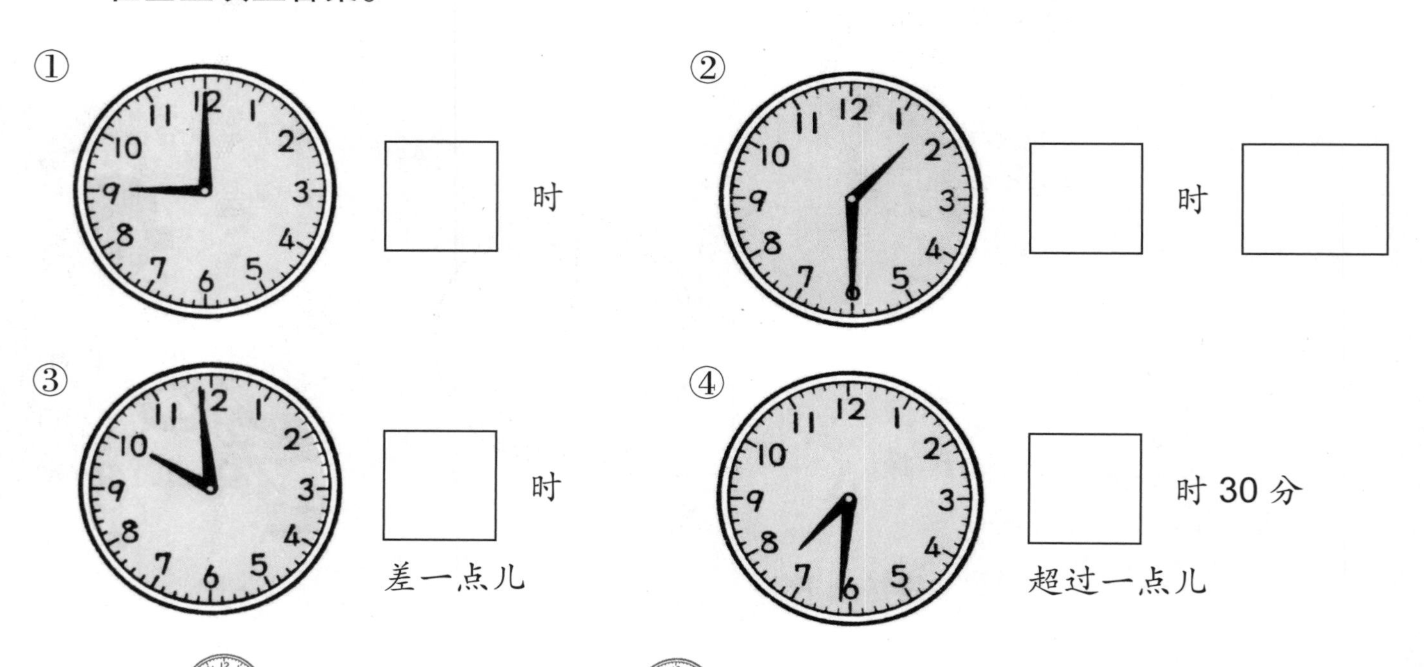

① □ 时

② □ 时 □

③ □ 时

差一点儿

④ □ 时 30 分

超过一点儿

答案：1. ⑧（时钟）；⑨ 3；⑩ 4 时多一点儿；⑪（时钟）。2. ① 9；② 1，30 分；③ 10；④ 7。

⑪ 6 时 30 分，全家人一起吃晚饭。在时钟里画上长针和短针。

⑩ 上面的时钟表示
（不到 4 时、刚好 4 时、4 时多一点儿）。
用“○”把答案圈出来。

---

3. 在时钟里画出长针和短针。

①

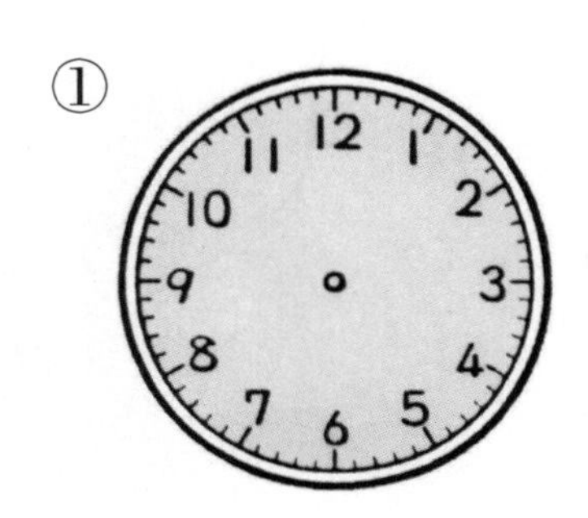

11 时

②

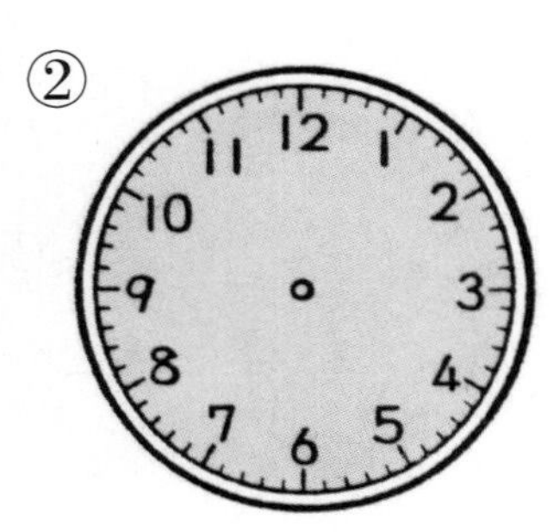

5 时

③

3 时 30 分

④

11 时 30 分

答案：3. ① ；② ；③ ；④ 。

各种图形

图形调查

各种图形

小明和小华来到童话世界，这里有好多各种不同形状的房屋。

A

D

你们找一找，哪些房屋与这几个形状一样？

①
②
③
④
⑤

◆ A、B、C、D、E这五座房屋，有哪些和①～⑤的形状一样呢？
B
快点儿找啊！
C
E

圆形、三角形、四边形

圆形　　三角形　　四边形

很多东西的面是圆形、三角形和四边形的。同样形状的有哪些？你们到里面找一找吧！

◎ 拼图形

◆ 用竹签拼各种图形。

四边形

三角形

城堡

花

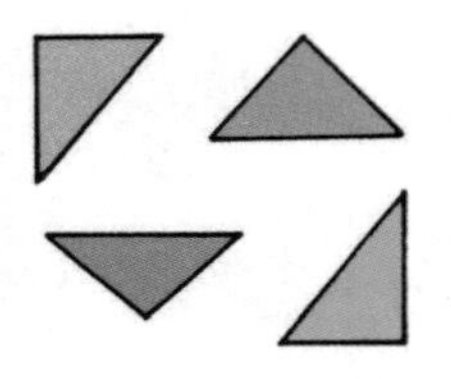

◆ 用蜡笔在图画纸上涂上颜色，像左图那样，做成色板。然后，将它们排列，并拼成各种形状。

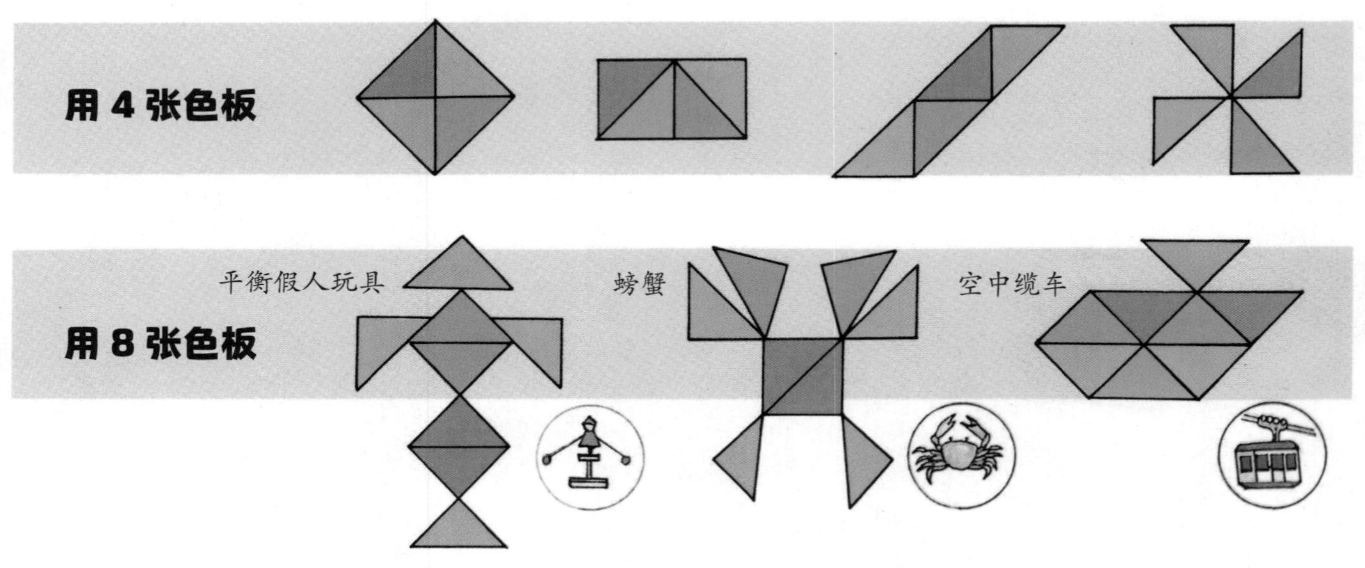

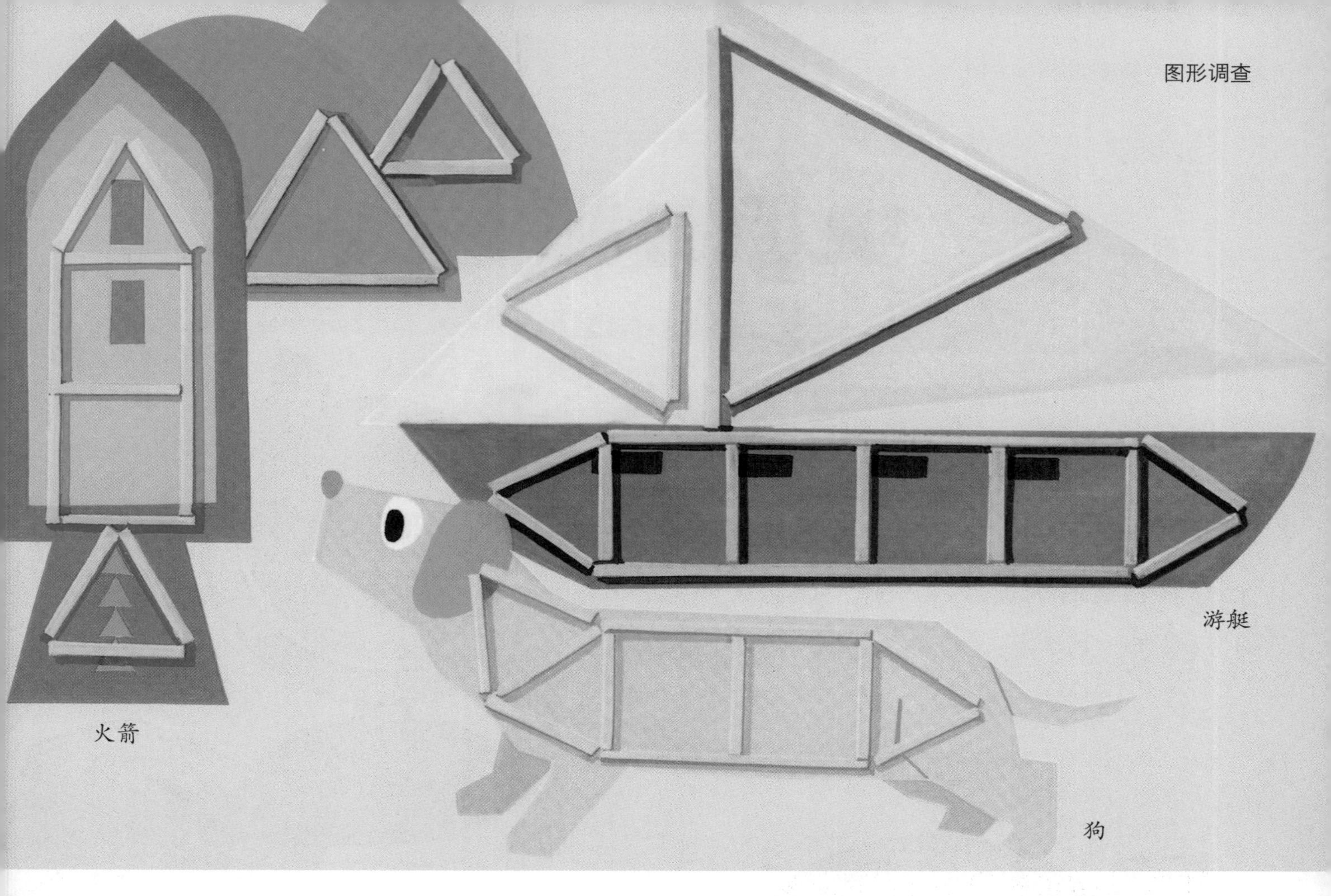
火箭
游艇
狗

◆ 利用色板
可以拼成奖杯。
也可以拼成鱼。
可以拼成人造卫星。
可以拼成圣火台。
可以拼成金字塔。

巩固与拓展

试一试，来做题。

1. 小明和小华都有很多玩具。他们要把形状相同的玩具放在一起。你也来和他们一起试一试吧！

答案：1. ①弹珠，棒球，地球仪，乒乓球，足球；②杯子，圆柱积木，茶叶罐，电池；③长方体积木，小衣柜，珠宝盒，纸盒，玩具箱，存钱罐。

2. 小英和小朋友们一起去参观展览会。

展览会里的图画都是用圆形、长方形或三角形画成的。请把图画里的

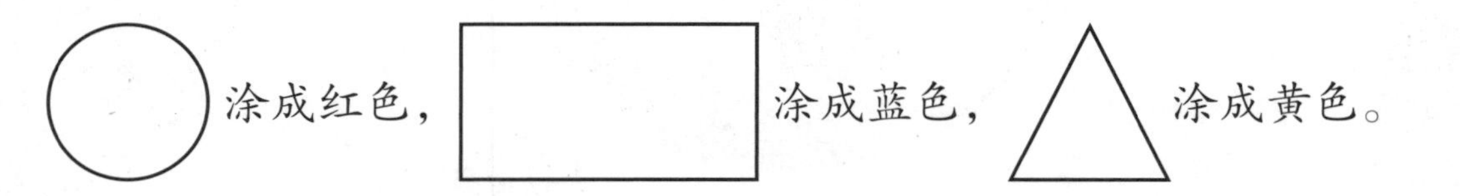

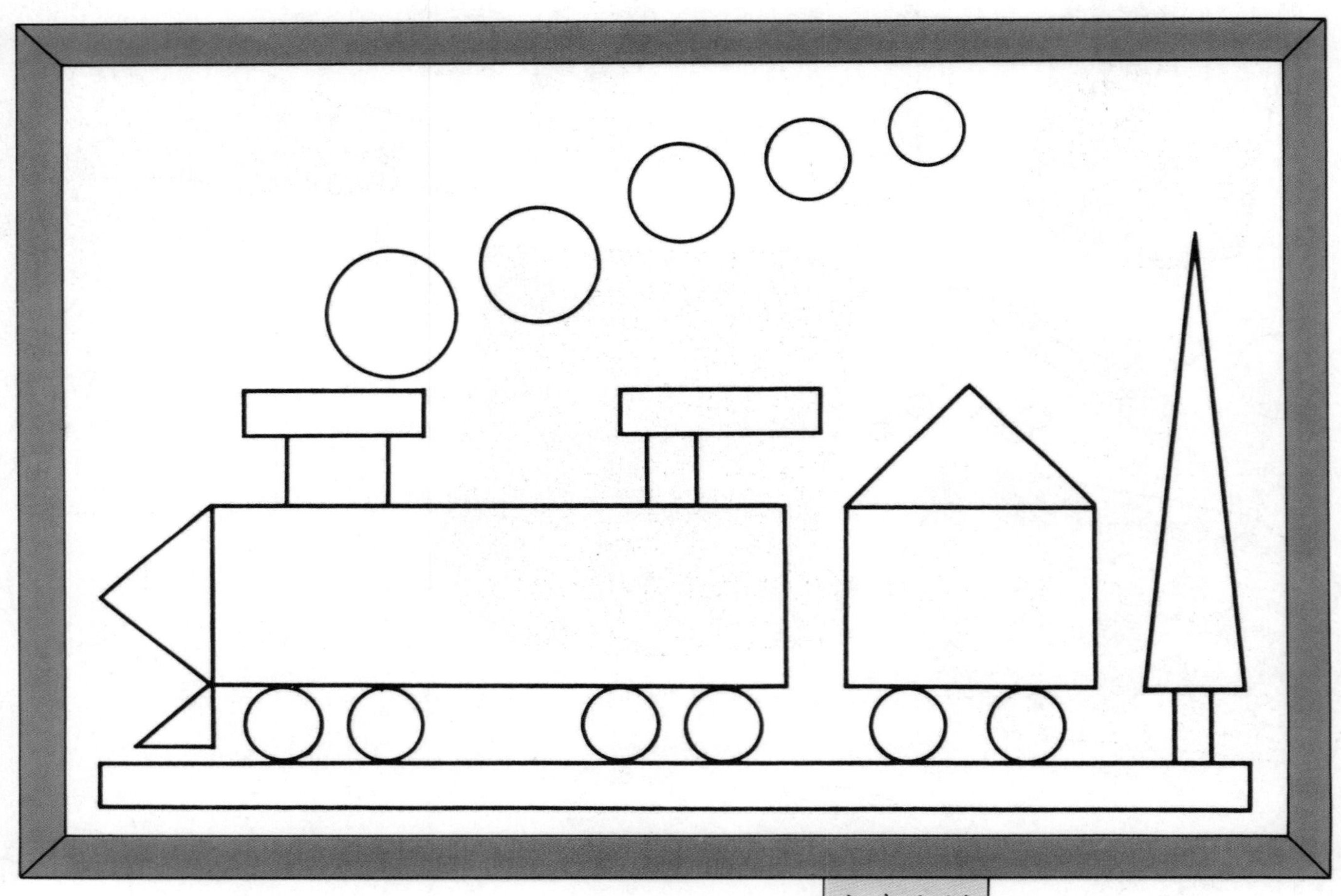

火车和树

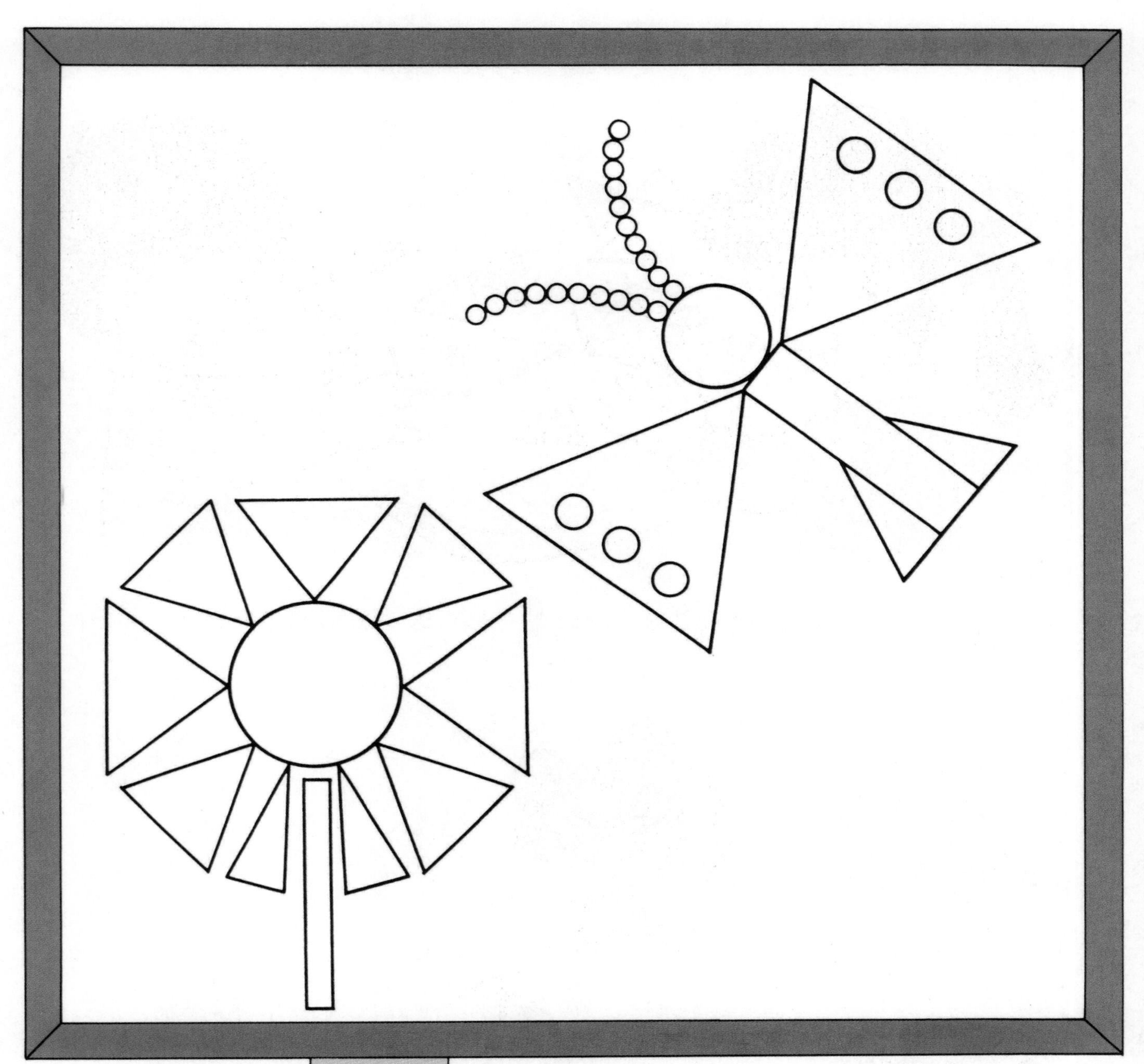

蝴蝶与花

3. 试一试，用三角板拼出各种图形。

①用三角板拼成各种不同的图形。仔细想一想，这些图形都像什么？

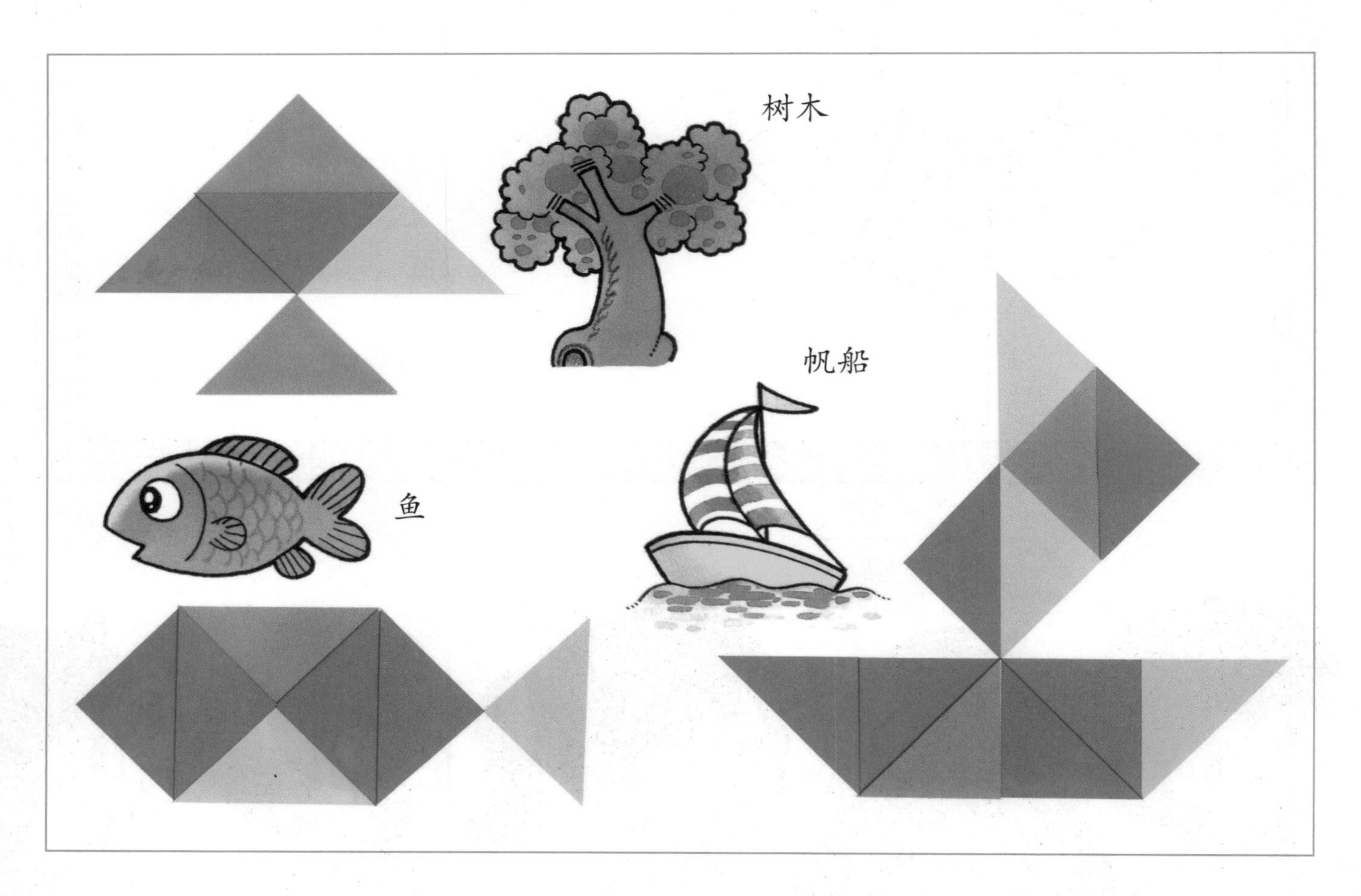

②下面的图形是用几张  拼成的？试着在图形里分一分，画一画。

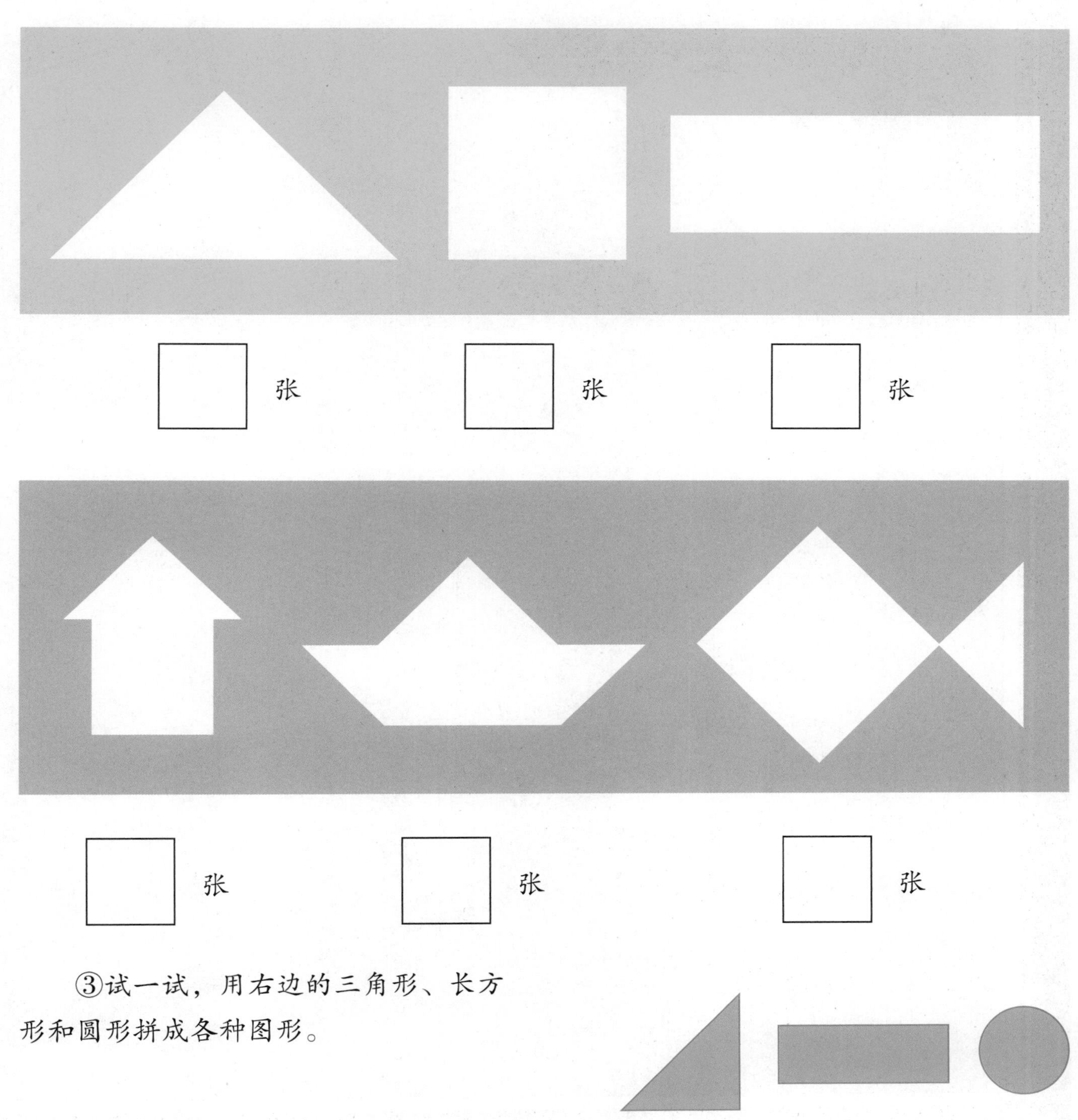

□张　□张　□张

□张　□张　□张

③试一试，用右边的三角形、长方形和圆形拼成各种图形。

答案：3. ② 4，4，6，3，4，5。

4. 拼图游戏

把形状相同的图形号码填在□中。

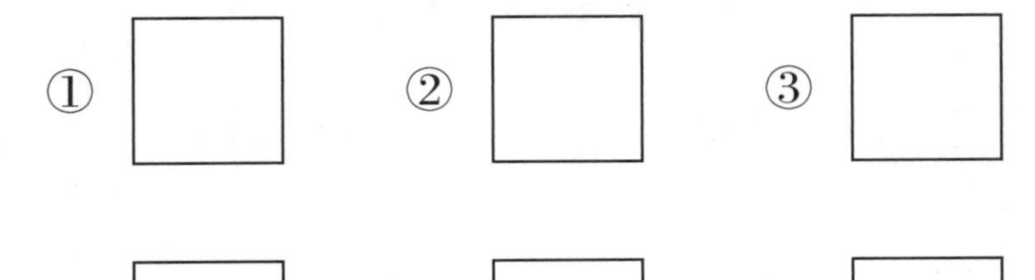

答案：4. ① B；② A；③ F；④ D；⑤ E；⑥ C。

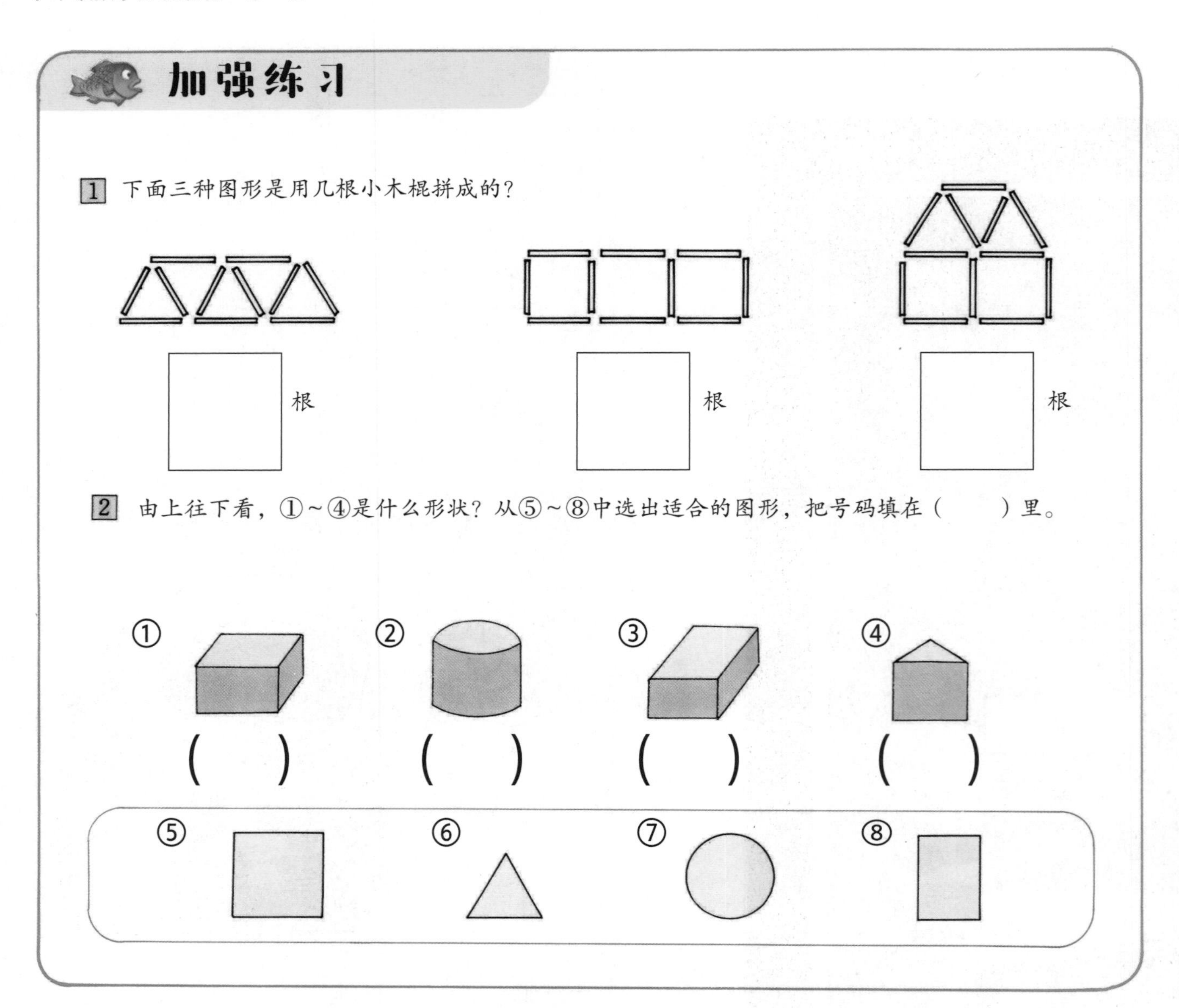

解答和说明

1 一根根慢慢地数，不要漏数，也不要数 2 次以上。

答：11（根），10（根），12（根）。

2 注意图形有几条边，每条边有多长。

如果斜着看圆形，看起来会像椭圆形。

答：⑤，⑦，⑧，⑥。